Guglielmo Libri e François Arago

BIOGRAFIE DI GALILEO

Testi tradotti e commentati da

Ledo Stefanini

Sommario

Introduzione
Ledo Stefanini

Giustificazione di una proposta

Le biografie di Galileo più accreditate e diffuse sono quelle di Geymonat [1969], Banfi [1962], Drake [1988]. Naturalmente, è sterminata la produzione sulla rivoluzione scientifica del XVII secolo, su aspetti particolari dell'opera galileiana, e sul processo del maggio-giugno 1633. A quest'ultimo proposito, fondamentale è il saggio di Santillana [1955] e più ancora l'opera di Sergio Pagano [2009]. La fonte storica più attendibile, quella a cui tutti gli studiosi fanno riferimento, è l'opera vasta e approfondita che alla figura di Galileo ha dedicato Antonio Favaro (1847-1922) al quale dobbiamo quel monumento di passione e competenza che è l'*Edizione nazionale* [Favaro 1890-1899].

In nessuno dei saggi storici che abbiamo ricordato vengono citate le biografie galileiane che portiamo all'attenzione degli intendenti di storia della scienza. Il motivo è che i due autori, scienziati illustri e anche storici della scienza, Guglielmo Libri e François Arago, nella stesura dei loro saggi, usciti quasi contemporaneamente, più che dall'obiettività dello storico, erano mossi da motivazioni connesse al particolare periodo storico che viveva la Francia alla fine degli anni quaranta dell'Ottocento. A queste non erano estranei neppure contrasti politici e rivalità personali che si manifestavano nelle riunioni settimanali dell'Académie des Sciences, seguite da giornalisti inviati allo scopo di relazionare sugli interventi e sui protagonisti, che diffondevano attraverso periodici e quotidiani. In questo atteggiamento, i due biografi erano stati preceduti dallo svizzero Mallet du Pan [1755] che aveva scritto di Galileo sul «Mercure de France» nel clima che annunciava lo scoppio della rivoluzione. Proponiamo all'attenzione proprio due delle biografie a proposito delle quali Henri Martin, in un'altra biografia del 1868 diceva:

> Ci guarderemo bene dal ripetere, come tanti altri hanno fatto, gli errori accumulati contro Galileo nel 1784, per compiacere un partito francese, dal giornalista ginevrino Mallet du Pan; o anche in favore di Galileo, ma in odio al papato più che per l'onore d'Italia, da M. Libri; oppure contro Galileo, con uno spirito mal dissimulato di reazione contro Libri e contro gli italiani, da parte di M. Arago. [Martin 1868]

Le due biografie di Galileo che presentiamo forniscono due letture diverse e contrastanti della sua vita e delle sue opere, e questo è un caso unico nella storia delle scienze. Non è accaduto per nessuno dei grandi scienziati che lo hanno seguito, come Newton, Pascal, Huygens e tantomeno per quelli ancora posteriori. Sappiamo che il motivo di tutto ciò risiede nella vicenda di cui Galileo fu protagonista. Il processo e la condanna sono un fatto che pone interrogativi accessibili anche a chi avrebbe difficoltà a esprimere un'opinione sul moto della Terra o, semplicemente, sul moto di caduta dei gravi. Come dimostrano tante opere dedicate al tema "Galileo" – e tra queste la più significativa è quella di Brecht [1994] – il dibattito non è di carattere storico, ma piuttosto ideologico, e ciò spiega perché le armi che tuttora si utilizzano sono ancora le argomentazioni di Libri e di Arago.

Evoluzione delle biografie

Fin dal tempo del processo davanti al tribunale del Sant'Uffizio, vi era stato in un tentativo, da parte di Niccolò Fabri di Peiresc, che era stato suo allievo a Padova, di creare un movimento di opinione tendente a sottrarlo al giudizio dell'Inquisizione; com'è noto, senza successo. Vi fu, negli anni immediatamente seguenti la morte di Galileo, una *Vita del Signor Galileo Galilei* di Gherardini, ma questa non era stata scritta per essere pubblicata; infatti, non lo fu che nel 1780. Le biografie che seguirono, fino al periodo dell'Illuminismo, erano finalizzate a rivendicare la grandezza dello scienziato, proclamando, con argomenti sempre più puntuali e motivati, la sua priorità in una serie di scoperte: il cannocchiale, il termometro, il microscopio, le macchie solari, ecc. prestando attenzione a evitare il tasto dolente del moto della Terra. E ciò per due motivi. Il primo è quello, ovvio, che si trattava di un argomento che poteva esporre a interventi spiacevoli da parte delle autorità; il secondo, meno evidente, consisteva nel fatto che, con il diffondersi in Europa della meccanica newtoniana, ci si rendeva conto che la lettura che Galileo aveva dato del sistema copernicano era, per lo meno, ingenua e superata.

Vi è un altro motivo, ancora più nascosto ed è il fatto che le biografie erano scritte da uomini di lettere e la meccanica celeste, che era andata maturando nelle seconda metà del Settecento per opera di Lagrange [1788] e Laplace [1798-1825], era materia che si era ormai allontanata dalle possibilità di comprensione di chi non avesse una profonda preparazione matematica. Pertanto, era scontato che il tema, a causa del quale Galileo era stato portato davanti al tribunale e costretto alla vergognosa abiura, passasse in secondo piano col progredire delle conoscenze. Rimanevano gli altri due temi, e cioè quello delle priorità e quello del processo, entrambi esposti ai pericoli di interpretazione nazionalistica e ideologica. Era fatale che la vicenda di Galileo trovasse in Francia le prime interpretazioni a sfondo ideologico e politico. Il vero iniziatore fu Voltaire che in un famoso *Essai sur les moeurs* scriveva:

> Galileo fu il primo che fece parlare alla fisica il linguaggio della verità e della ragione: poco prima Copernico, sulle frontiere della Polonia, aveva scoperto il vero sistema del mondo. Galileo non fu solamente il primo vero fisico, ma scriveva con l'eleganza di Platone, e sulla filosofia greca ebbe il vantaggio incomparabile di scrivere solo cose certe e intelligibili. Il modo con cui questo grande uomo fu trattato dall'Inquisizione sul finire dei suoi giorni imprimerebbe un'eterna vergogna sull'Italia, se a questa vergogna non si opponesse la stessa gloria di Galileo. Una congregazione di teologi, in un decreto del 1616, dichiarò l'opinione di Copernico, messa così ben in luce dal filosofo fiorentino, «non solamente eretica nella fede, ma assurda in filosofia». Questo giudizio contro una verità provata in tanti modi costituisce una grande testimonianza della

forza dei pregiudizi. Si dovette insegnare a coloro che dispongono del
potere che devono tacere quando parla la filosofia, e che non devono
impicciarsi di cose che non sono di loro competenza. Galileo fu poi condannato dallo stesso tribunale nel 1633 alla prigione e alla penitenza, e
fu obbligato ad abiurare in ginocchio. In verità, la sua condanna fu più
dolce di quella di Socrate; ma non è meno vergognosa per il giudizio
dei giudici di Roma di quanto non sia stata la condanna di Socrate per
i lumi dei giudici di Atene: è destino del genere umano che la verità sia
perseguita dal momento stesso in cui fa la sua comparsa. La filosofia,
sempre combattuta, non poté, nel diciassettesimo secolo, fare gli stessi
progressi delle belle arti. [Voltaire 1756]

Una risposta agli illuministi venne, alla vigilia della grande rivoluzione, da
un personaggio che, in gioventù, aveva goduto della stima e della protezione di Voltaire: Jacques Mallet du Pan. Nato vicino a Ginevra nel 1749, fu
soprattutto quello che oggi chiameremmo un pubblicista politico. Scrisse,
infatti, sul periodico «Annales politiques, civile et littéraires» che confluì
nel «Mercure de France». Allo scoppio della Rivoluzione francese, divenne uno dei più fermi sostenitori della tendenza monarchico-liberale. Scop-
piata la rivoluzione, fu inviato da Luigi XVI in missione presso gli emi-
grati. In seguito fu corrispondente dalle corti di Vienna, Lisbona, Berlino
e Torino (1794-1798), organizzò in Svizzera un servizio d'informazioni
dalla Francia. Riparato in Inghilterra, morì a Richmond nel 1800. La sua
biografia di Galileo, pubblicata nel febbraio del 1785 sul «Mercure de
France», risente fortemente del clima acceso degli anni immediatamente
precedenti il 1789. Nella sua foga polemica contro i volterriani, Mallet du
Pan non esita a tradurre in maniera tendenziosa alcuni passi delle lettere
di Guicciardini, ambasciatore del granduca di Toscana, e a pubblicare
una lettera di Galileo manifestamente apocrifa [Mallet 1785].
    La prima biografia di Galileo che, pur evitando con cura ogni motivo
di polemica con la Chiesa relativamente al processo, non fa mistero di
respirare l'aria nuova che spirava dalla Francia, fu opera proprio di un
religioso, Paolo Frisi, barnabita lombardo, titolare dal 1764 dell'insegnamento di matematica nelle Scuole palatine di Milano, faceva parte del
gruppo di intellettuali milanesi che, proprio in quel periodo, aveva dato

vita al periodico «Il caffè», e il Frisi entrò a far parte della redazione. Il contributo più importante di Frisi alla rivista è rappresentato appunto dal *Saggio su Galilei* del 1765 [Frisi 1829] firmato con una «X». L'articolo segnò l'inizio di una polemica, che divenne progressivamente più aperta e violenta, con la Compagnia di Gesù, e che durò fino al termine della vita del barnabita. Il saggio venne poi ristampato come opera a sé [Frisi 1775].

Il barnabita era l'uomo più adatto per un'opera che ha rappresentato un vero discrimine fra due epoche nell'interpretazione della vicenda di Galileo. Era infatti un rappresentante di quelle figure di intellettuali che sono fioriti prima della grande rivoluzione – e tra questi vanno ricordati Voltaire, Boscovich, Algarotti, Andrés – profondamente competenti sia sul piano scientifico che filosofico, nell'accezione che attribuiamo oggi ai due termini. Il saggio di Frisi fu seguito, a breve, da quello di un (ex) gesuita spagnolo [Andrés 1776] che la soppressione della Compagnia di Gesù aveva fatto sbarcare sulle rive del Mincio: Juan Andrés (1740-1817) più noto per la sua grande opera *Dell'origine, progressi e stato attuale d'ogni letteratura* in sette volumi (1784-1807). Ambedue le biografie, privilegiano il terreno dell'analisi dei meriti scientifici di Galileo, accennando appena alla vicenda del processo e della condanna, e hanno il grande merito di aver rivendicato il ruolo giocato sul piano europeo dal grande fiorentino nello sviluppo della cultura scientifica. Due biografie che hanno dato un rilevante contributo a portare la figura di Galileo al centro della storia della rivoluzione scientifico-culturale che ha investito l'Europa nel XVII secolo. Delle nebbie che avevano avvolto il ricordo di Galileo per gran parte del Settecento è testimonianza il fatto che nel grande *Dictionnaire historique et critique* di Pierre Boyle [1697] che ebbe dodici edizioni dal 1697 al 1830 e diverse traduzioni, il nome del Galileo viene ricordato solo come maestro di Torricelli. Segno che l'ostracismo comminato nel 1633 e mantenuto negli anni successivi al 1642 aveva raggiunto il suo scopo.

Due biografi a confronto

Le due biografie galileiane che proponiamo sono state scritte oltre sessant'anni dopo quelle di Frisi e di Andrés e sono intrise, su fronti opposti, del clima che caratterizzava la vita pubblica francese negli ultimi anni del regno di Luigi Filippo d'Orléans alla vigilia della rivoluzione di febbraio. Di quel travagliato periodo furono protagonisti anche due scienziati, molto noti nelle accademie, ma anche popolari presso il grande pubblico: Guglielmo Libri e François Arago.

Guglielmo Brutus Timeleone Libri Carucci dalla Sommaja (Firenze, 1803 – Fiesole, 1869) fu un matematico e appassionato di libri antichi. Aveva solo 20 anni quando assunse la cattedra di Fisica matematica a Pisa, ma l'anno seguente, per le cattive condizioni di salute, dovette lasciare l'insegnamento; anche se il granduca volle che mantenesse il titolo di *professore emerito*. Non abbandonò tuttavia i suoi studi di matematica e alcuni di essi, presentati all'Académie des Sciences nel 1824, ricevettero gli elogi del grande Fourier. Nello stesso anno, Libri si recò per la prima volta a Parigi dove ebbe una calorosa accoglienza sia per la profondità della sua cultura scientifica che per le vaste conoscenze filosofiche e letterarie.

Il secondo viaggio a Parigi coincise con la Rivoluzione di luglio del 1830 che segnò l'inizio del regno di Luigi Filippo. Lesse all'Accademia di Parigi alcune delle memorie di matematica e fisica pubblicate a Firenze e soprattutto allargò la sua cerchia di conoscenze e di relazioni politiche importanti. In luglio prese parte attiva alla rivoluzione, e questo rafforzò la sua intesa col Guizot, allora ministro della Pubblica Istruzione e futuro ministro degli Affari Esteri. Rientrò a Firenze verso la metà di gennaio del 1831 e, ancora pervaso dallo spirito dei moti di luglio, prese parte al complotto detto "del Berlingaccio", ai fini di ottenere dal granduca la concessione di una Costituzione. Ma l'insurrezione fallì e Libri fu costretto all'esilio in Francia. Qui il clima politico gli era favorevole e fu aiutato da vari amici, primi fra tutti Guizot, Villemain, futuro Ministro della Pubblica Istruzione, e Arago, il più influente membro dell'Accademia.

Alla morte di Legendre, nel gennaio del 1833, si rese disponibile un posto di professore all'Accademia e, sostenuto dal fisico Biot, dal matematico Poisson, dal chimico Thénard e, principalmente, da Arago, Libri fu eletto e l'anno seguente divenne professore alla Sorbona. Tra il 1835 e il 1841 Libri pubblicò a Parigi il suo capolavoro, l'*Histoire des sciences mathématiques en Italie* [Libri 1838-1841], al quale aveva iniziato a lavorare nel

Guglielmo Libri

lontano 1827 e nel quale traspare tutta la sua erudizione. Nelle numerosissime note che occupano circa la metà di ogni volume, è inserita una ricca documentazione, per lo più inedita e tratta dalla sua biblioteca, di grande valore scientifico. Questo ricorso alle fonti primarie inaugurò un metodo che fu preso a modello. Lo spirito di rivendicazione nazionale di cui è pervasa l'opera e il riconoscimento del ruolo fondamentale degli italiani Cardano, Tartaglia, Bombelli e Cataldi nello sviluppo dell'algebra, gli attirarono, tuttavia, accuse d'ingratitudine verso il paese che lo aveva ospitato.

Nel 1839 Libri rintracciò e acquistò, presso un rivenditore di libri usati di Metz, importantissimi manoscritti inediti di Fermat, Descartes, Le Rond d'Alembert, Euler e Charpit. Questo grande merito, fu forse la ragione per la quale, nello stesso anno fu nominato ispettore delle biblioteche di Francia. Nel 1843, nonostante gli attacchi dei suoi avversari tra i quali, ora, vi era anche Arago che appoggiava Liouville, Libri fu eletto al Collège de France e raggiunse l'apice della carriera. Tra il 1838 e il 1848 Libri collaborò attivamente, principalmente per quanto atteneva la politica italiana, col Governo francese scrivendo vari articoli sul «Journal des Debats», organo ufficiale del governo, e fu inoltre assiduo collaboratore del «Revue des deux Mondes». Alcuni nemici se li procurò attaccando, all'interno dell'Accademia, il matematico Chasles che era protetto dal *segretario perpetuo* Arago e, all'esterno, con le sue ricerche bibliografiche che finirono con lo scontrarsi con quelle che erano, per tradizione, prerogativa dei gesuiti [Maccioni-Mostert 1995].

Le cose andarono progressivamente peggiorando fino al punto che, durante la rivoluzione del febbraio del 1848, Guglielmo Libri fu costretto a sottrarsi, con una precipitosa fuga in Inghilterra, a un mandato di cattura per sottrazione di volumi preziosi dalle biblioteche pubbliche di Francia. Già nel 1830, durante il suo secondo viaggio a Parigi, aveva introdotto la questione galileiana in una conferenza tenuta all'Académie des Sciences a proposito dell'invenzione del termometro che non era sfuggita ai gesuiti [Libri 1830]:

> Uno scienziato toscano l'anno 1830 trovandosi in Parigi (ove al presente occupa una cattedra di Fisica generale) lesse a quella celebre Accademia delle scienze una *memoria* sul termometro dell'Accademia del Cimento, che fu pubblicata in una delle più applaudite raccolte scientifiche, cioè negli *Annali di chimica e fisica* de' signori Gay-Lussac e Arago. [Pianciani 1834]

Troppo importante il ruolo svolto da Arago (1786-1853) nella storia della fisica perché se ne possa parlare in poche righe. Intimo di Poisson fin dal suo ingresso all'École polytechnique, nel 1803, fu da questi invitato a partecipare all'impresa della misura del meridiano terrestre nel 1805. Allo

François Arago

scoppio della guerra franco-spagnola, Arago, che si trovava a Maiorca, venne arrestato e rinchiuso in prigione. Dopo aver raggiunto la costa algerina, venne di nuovo catturato dai pirati e riuscì a tornare in patria solo nel luglio del 1809, essendo riuscito a portare con sé il brogliaccio in cui erano annotati i dati osservativi raccolti.

Anche per questi meriti venne nominato da Napoleone membro dell'Osservatorio Reale; per cui questo diventò la sua residenza fino alla

morte. In qualità di astronomo tenne, dal 1812 al 1845, una serie di lezioni
popolari in cui affrontò una serie molto estesa di questioni astronomiche
e anche le biografie di astronomi illustri, che vennero raccolte e ordinate
dall'autore e pubblicate dopo la sua morte. Tra queste vi è la biografia di
Galileo che qui presentiamo [Arago 1855].

La prima osservazione da fare è che la pubblicazione di questa biografia suscitò una reazione indignata di molti studiosi italiani. La più notevole
fu quella di Eugenio Alberi, storico padovano, che curò la prima edizione delle opere di Galileo [Alberi-Bianchi 1842-1856]. Nel *Supplemento* alle
Opere di Galileo Galilei pubblicato a Firenze nel 1856, introdusse un capitolo,
Delle opinioni e dei giudizi di Francesco Arago intorno a G. Galilei, in cui ribatté
con acribia alle osservazioni poco generose, e spesso forzate, dell'astronomo francese [Alberi-Bianchi 1842-1856, suppl.].

Ancora nel 1906 Antonio Favaro, il maggiore esperto italiano in materia di biografia galileiana, scriveva:

> [...] era bastato l'effimero successo della ben nota tragedia del Ponsard
> per rialzare in Francia la riputazione di Galileo dai colpi spietati che le
> aveva dato l'Arago. Perché [...] può dirsi, non esservi stata grave accusa
> che, in gran parte a sfogo di astio personale contro Guglielmo Libri,
> egli abbia risparmiata al tanto più grande di lui astronomo fiorentino.
> [Favaro 1905]

Ci piace mettere a confronto le biografie di Libri e di Arago perché appartengono agli stessi anni quaranta del regno di Luigi Filippo, sono scritte
da due scienziati che cercano di documentare le loro osservazioni, hanno
carattere popolare in quanto non sono dirette a un pubblico di specialisti
e, tuttavia, conducono a due immagini completamente diverse.

In realtà, Libri, che era un fuoriuscito fiorentino, nel 1833 era entrato a far parte dell'Académie des Sciences anche grazie all'appoggio di
influenti personalità del mondo scientifico e politico francese e, tra queste, François Arago che ne era membro dal 1809. Negli anni quaranta,
tuttavia, le loro posizioni politiche si erano diversificate, come stanno a
testimoniare diversi scontri che ebbero luogo nelle sedute dell'Accademia.
Del resto, negli anni quaranta, la politica divenne il principale interesse di

Arago che era *représentant du peuple* alla Camera dei deputati e che arrivò alla carica di Presidente della Repubblica tra il maggio e il giugno del 1848, cioè negli stessi giorni in cui Guglielmo Libri lasciò di nascosto Parigi per rifugiarsi a Londra.

È quindi evidente che nessuno dei due scritti ha pretese di ricerca storica; ma piuttosto quello di esaltare o denigrare la figura di Galileo allo scopo di colpire gli avversari politici. Negli ambienti degli intendenti i due scritti non godettero di gran credito come saggi di storia; tuttavia, proprio per il loro carattere popolare e per il prestigio e la cultura degli autori, contribuirono a diffondere una doppia vulgata di Galileo che permane ancora oggi. Tracce del pamphlet di Arago sono giunte fino a noi, per esempio, attraverso il bellissimo saggio di Arthur Koestler [1959].

Nota del curatore

I due testi sono stati tradotti mantenendo la più scrupolosa fedeltà all'originale da Guillaume Libri, *Galilée, sa vie et ses travaux*, «Revue des deux mondes», quatrième série, tome 27, 1841 [1] e [2]; e da François Arago, *Galilée*, in *Œvres completes de F. Arago, publiées sous la direction de M. J.-A. Barral*, tome troisième, Paris, 1855 [3].

[1] BnF gallica   http://goo.gl/LHDYWo
[2] Wikisource.fr   http://goo.gl/mSp6U8
[3] BnF gallica   http://goo.gl/xDMXNS

Guglielmo Libri

Galileo
La sua vita e le sue opere

«Revue des deux mondes»
Serie IV, tomo 27, 1841, pp. 94-135

Michelangelo morì il giorno in cui nacque Galileo. Una sorta di grande pronostico destinato ad annunciare che oramai le arti, che avevano fatto la gloria d'Italia, dovevano cedere lo scettro alle scienze, e che il regno della filosofia andava a cominciare. Gli artisti immortali che hanno fatto la gloria del secolo di Leone X prepararono questa rivoluzione attraverso lo studio della natura che fu sempre la loro guida, e attraverso il sentimento del bello che esercitarono a un così alto grado presso i loro contemporanei, e che ha contribuito così potentemente, in tutte le epoche, allo sviluppo delle facoltà dell'intelligenza.

Ma il passaggio non si poteva fare di colpo: quegli uomini dall'immaginazione ardente e avidi di meraviglie cercarono soprattutto i prodigi e portando l'entusiasmo nella filosofia, fecero delle scienze una poesia. Trascurando la severa e semplice verità che si offriva ai loro occhi, cercarono ovunque lo splendore che abbaglia e che è spesso ingannatore. Con l'eccezione di Leonardo da Vinci, grande artista e grande pensatore, che portò uno sguardo scrutatore su tutte le branche della filosofia naturale, e che avrebbe anticipato il rinnovamento delle scienze se, invece di nascondere le sue scoperte a una generazione poco disposta ad accoglierle, le avesse annunciate arditamente e si fosse fatto caposcuola.

Gli studiosi più illustri del XVI secolo sembravano più occupati ad attirare gli sguardi della folla o ad assecondare le sue superstizioni, che a conoscere la verità. Basta guardare a Tartaglia e a Cardano, che hanno tanto contribuito al progresso dell'algebra! Tartaglia faceva proclamare le sue scoperte nelle strade al suono di una fanfara, e proponeva problemi utilizzando dei banditori. L'altro, spirito audace che voleva rivoluzionare tutto e si riteneva simile agli dèi, aveva un demone famigliare e si lasciò morire di fame per realizzare una delle sue previsioni.[1]

Non si sa che cosa indicare di più in Keplero, se le sue leggi immortali o gli errori gravissimi che ha sparso nei suoi scritti; Porta, infaticabile cercatore di segreti; Giordano Bruno e Campanella, che espiarono nei tormenti il coraggio delle loro opinioni, avevano potuto, grazie all'acutezza del loro spirito, scoprire verità importanti; ma questi risultati erano dovuti solo a sforzi individuali e, malgrado le loro fatiche, non era ancora stata creata una vera filosofia naturale. Non vi era ancora un metodo; l'errore era ovunque mescolato con la verità, e si ignoravano ancora le regole che devono guidare lo spirito nello studio della natura. La mancanza di una filosofia è ciò che colpisce soprattutto nelle opere scientifiche del XVI secolo; e si comprende a malapena come uomini che nelle arti e nelle lettere davano prova di talento ammirevole, di un gusto così squisito, potessero adottare, acriticamente, le opinioni più erronee e apparire talvolta addirittura indifferenti all'errore e alla verità. Nell'antichità come nel medioevo, in oriente come in occidente, si è cercato il meraviglioso nella natura, piuttosto che il vero, che appariva volgare e poco degno dell'attenzione dei filosofi. Ci si è accorti tardi che i fenomeni più straordinari sono dovuti generalmente alle stesse cause che producono gli effetti che osserviamo tutti i giorni e che, per spiegare gli uni, era indispensabile studiare gli altri. I fatti strani e rari che colpiscono l'immaginazione, eccitarono a lungo gli spiriti, e il sapiente che passava la vita a cercare di spiegare delle specie di miracoli, avrebbe ritenuto di venir meno alle regole se si fosse messo a studiare la caduta di una pietra, fenomeno che tra poco avrebbe condotto alla scoperta delle principali leggi della natura.

Non solamente si ammettevano due fisiche, l'una "illustre e reale", come la chiamava Porta, l'altra "volgare"; non solo si supponeva che cause particolari e distinte presidiassero ai fenomeni più notevoli, ma si credeva anche che le forze che agiscono sul nostro globo siano molto diverse da quelle che animano gli altri astri. Questa assenza di nesso, le false idee

----

1. Gerolamo Cardano morì a Roma il 20 settembre 1576. Si racconta che si sia lasciato morire di fame per rispettare la previsione, che lui stesso aveva fatto, della data della propria morte.

che tendevano a moltiplicare oltre misura le cause fisiche, e a separare i fenomeni gli uni dagli altri, non consentivano di gettare le vere basi della filosofia naturale. Le qualità occulte che avevano invaso la fisica, l'autorità di Aristotele sostenuta dalla Chiesa, che sembrava contraria a ogni cambiamento, ad ogni progresso, erano ostacoli ancora più gravi che era necessario vincere per operare la rivoluzione che avrebbe cambiato la faccia delle scienze.

Questa grande rivoluzione è opera di Galileo, genio immortale che ha fatto e preparato tante belle scoperte, e che soprattutto dev'essere indicato alla riconoscenza dei posteri per aver bandito l'errore dalla sua scuola e creato la filosofia della scienza. È stato nelle scienze il maestro dell'Europa. Prima di lui gli uomini più eminenti apparivano incapaci di distinguere l'errore dalla verità, e cercavano solo lo straordinario. Dopo Galileo, ci si è impegnati soprattutto a evitare gli errori in fisica; e man mano che la sua influenza si è diffusa, è diminuito il numero degli spiriti che ammettevano i fatti senza discuterli. Solo i suoi avversari restarono attaccati alle antiche dottrine; ma in Italia, come nel resto d'Europa, i princìpi di Galileo furono adottati da tutti gli uomini che hanno contribuito al progresso delle scienze. Il carattere peculiare di questo genio brillante, è la critica dei fatti; la sua opera, la filosofia scientifica. Non è stato solamente astronomo o fisico; si è dimostrato grande filosofo ed è per questo che diceva di «aver studiato per più anni la filosofia che per mesi la matematica». Ha rigenerato le scienze ed è maestro di tutti coloro che, da due secoli, coltivano la filosofia naturale. Altri avrebbero potuto calcolare la caduta dei corpi o scoprire i satelliti di Giove; ma nessuno dei suoi rivali, neppure Keplero o Descartes, ha saputo tendere come lui alla ricerca della verità.

Non si ripeterà mai abbastanza, poiché sembra che il carattere del suo spirito non sia stato ben compreso: Galileo non fu solamente geometra, astronomo e fisico, fu il riformatore della filosofia naturale, che pose su basi nuove l'osservazione, l'esperienza e l'induzione, nelle quali introdusse per primo lo spirito geometrico e la misura. Scrittori poco familiari con queste materie hanno a torto sostenuto che il rinnovamento delle scienze sia dovuto a Francesco Bacone. Subito bisogna osservare che la priorità appartiene a Galileo che da quindici anni dalla sua cattedra predicava la nuova filosofia a migliaia di uditori di tutte le nazioni, e aveva scoperto le leggi della caduta dei corpi, osservato l'isocronismo delle oscillazioni del pendolo e inventato il termometro molto tempo prima che il Cancelliere inglese cominciasse a pubblicare le sue opere filosofiche. Allorché il *Novum organum* apparve per la prima volta, Galileo aveva pubblicato il *Calcolo delle proporzioni*,[2] il *Nunzio sidereo*, il *Discorso sui corpi che galleggiano*, la *Storia delle macchie solari*; aveva inventato il telescopio, il microscopio, scoperto le fasi di Venere e i satelliti di Giove; aveva posto le basi della meccanica; si era applicato a tutte le branche della fisica e della filosofia naturale e, mediante i suoi successi, aveva sollevato contro di lui i monaci e i peripatetici; e provocato una prima sentenza dell'Inquisizione.

Che cosa ha fatto Bacone per le scienze? I mirabili precetti distribuiti nei suoi scritti e che avevano per scopo quello di fare dell'osservazione la base di ogni conoscenza, non gli hanno impedito di sbagliarsi di frequente nelle applicazioni. Bacone ha negato il moto della Terra e, nelle opere in cui ha trattato di questioni scientifiche, si è mantenuto sulle generali e non ha compiuto alcuna scoperta. Ha detto agli altri con ammirevole talento, come bisogna marciare ma non ha fatto un passo; mentre Galileo è avanzato rapidamente di scoperta in scoperta, congiungendo il precetto alla pratica e distruggendo ovunque i vecchi pregiudizi. L'influenza di Bacone si è fatta sentire soprattutto nel XVIII secolo: l'empirismo e la scuola sensista ne sono i risultati. Ma la grande rivoluzione scientifica del secolo precedente è avvenuta senza che l'illustre filosofo vi abbia preso parte; questa rivoluzione è dovuta a Galileo. Per convincersene, basta consultare gli scrittori che nel XVII secolo hanno maggiormente contribuito al rinnovamento delle scienze. Tutti parlano di Galileo, si appoggiano alle sue scoperte, adottano la sua filosofia, mentre citano Bacone solo di rado. Bacone è stato senza dubbio uno dei più alti geni che abbiano brillato sulla terra, tanto che l'importanza della sua opera non è stata compresa pienamente se non quando la rivoluzione che voleva produrre si era verificata nella filosofia naturale. I fisici, i geometri, obbligati a resistere agli attacchi e alle persecuzioni dei peripatetici, credettero a lungo che la filosofia ra-

----

2. Il riferimento è al compasso geometrico-militare, realizzato a Padova da Galileo nel 1597, il cui uso descrisse nell'opuscolo *Le operazioni del compasso geometrico et militare*, pubblicato a Padova nel 1606 e dedicato a Cosimo II.

zionale gli sarebbe stata per sempre ostile, ed è forse in ciò una delle cause che li hanno tenuti lontani da Bacone. Galileo ha evitato di esporre il suo sistema in maniera astratta e si è limitato ad affermare di non avere altro libro infallibile che la natura, in cui tutta la filosofia è scritta in caratteri matematici.[3] Fu un gran segno di abilità, da parte sua, volendo combattere gli scolastici, quello di opporre l'universo ai loro libri, invece di attaccare l'autorità con l'autorità.

I servigi immensi che Galileo ha reso alla filosofia sono stati proclamati nella patria stessa di Bacone. Basti, a questo proposito, citare Hume, storico sottile e filosofico, che ha dichiarato senza esitare che Galileo era superiore a Bacone e che il filosofo inglese deve la sua gloria principalmente allo spirito nazionalistico del suo Paese; poiché, più felice dell'Italia, l'Inghilterra può proteggere i suoi uomini illustri quando sono in vita e onorarli liberamente dopo la morte.

Galileo Galilei nacque a Pisa il 18 febbraio 1564, da una famiglia di Firenze che si era messa in luce sotto la repubblica, ma alla quale non restava che una nobiltà senza fortuna. Vincenzo Galilei, suo padre, era istruito nelle letterature greca e latina, e molto versato in musica pratica e teorica, sulla quale aveva prodotto opere apprezzate. O perché all'epoca della nascita di suo figlio si trovasse a Pisa per esercitare il commercio o, come alcuni biografi sostengono, perché occupasse in questa città un incarico governativo, vi si trattenne per poco tempo e ritornò presto a Firenze, dove divenne padre di numerosa prole. È quindi a Firenze che Galileo venne allevato. Fin dall'infanzia dimostrò una grande disposizione per la meccanica, e lo si vedeva sempre occupato a costruire modelli di macchine.

Suo padre, che lo voleva avviare al commercio, cominciò intanto a fargli studiare il latino sotto la direzione di Giacomo Borghini, maestro incapace, anche se questo non impedì all'allievo di fare rapidi progressi.

---

3. Nel *Saggiatore* del 1623 si legge: «La filosofia è scritta in questo grandissimo libro che continuamente ci sta aperto innanzi a gli occhi (io dico l'universo), ma non si può intendere se prima non s'impara a intender la lingua, e conoscer i caratteri, ne' quali è scritto. Egli è scritto in lingua matematica, e i caratteri son triangoli, cerchi, e altre figure geometriche, senza i quali mezi è impossibile a intenderne umanamente parola; senza questi è un aggirarsi vanamente per un oscuro laberinto».

Galileo studiò i classici latini; e poi si applicò al greco, diventando così, per merito personale, molto abile nelle lingue di Atene e di Roma. Tali studi gli furono di grande utilità in seguito, contribuendo a formare lo stile ammirevole al quale il grande filosofo toscano deve in parte i suoi successi. I progressi compiuti nelle lingue classiche e nella logica, che studiò sotto un monaco di Vallombrosa,[4] la sua attitudine alla pittura e alla meccanica, i suoi clamorosi successi in musica, elevarono le speranze di suo padre che, abbandonata l'idea di fare di lui un mercante di lana, volle che si iscrivesse a medicina, la sola scienza che all'epoca poteva condurre alla ricchezza. Non si può impedire di osservare le capacità multiformi di un uomo destinato a produrre una vera rivoluzione nelle scienze e a diventare, allo stesso tempo, il primo scrittore italiano del suo secolo; di un uomo che ha meritato che i più illustri pittori, i Bronzino, i Cigoli, lo consultassero con deferenza, e che era anche il più abile suonatore di liuto e il più sottile dialettico del suo tempo; spirito singolare, capace di meditare profondamente sulle verità più sublimi della filosofia naturale e di improvvisare una commedia.

Facoltà così eminenti e diverse non potrebbero far pensare che vi è nell'uomo un principio unico, suscettibile d'essere applicato a tutte le cose senza che le disposizioni che si dicono naturali siano chiamate a giocare un ruolo predominante? Senza uscire dall'Italia, Dante, Poliziano, Leonardo da Vinci, Galileo, Magalotti, Redi e tanti altri che si potrebbero citare, non sembrano dimostrare che un'alta intelligenza, unita a una forte volontà, trionfa su tutti gli ostacoli e che gli uomini così dotati si possono dare lustro ugualmente in tutte le branche dell'umana conoscenza?

Mandato da suo padre, all'età di diciassette anni, all'Università di Pisa per studiarvi medicina, Galileo seguì dapprima i corsi di filosofia, che comprendeva allora le scienze metafisiche e matematiche. Eccetto uno solo, tutti i suoi professori, che erano peripatetici, spiegavano Aristotele. Giacomo Mazzoni, che esponeva le teorie dei pitagorici, divenne la guida di Galileo. Gli insegnò la fisica che si conosceva allora; e subito Galileo

4. Viviani scrive: «Udì i precetti della logica da un padre valombrosano; ma però que' termini dialettici, le tante definizioni e distinzioni, la moltiplicità degli scritti, l'ordine et il progresso della dottrina, tutto riusciva tedioso, di poco frutto e di minor satisfazione al suo esquisito intelletto [...]» [Favaro 1890-1899, XIX, p. 602].

si sollevò alle generalità e alle applicazioni prima ancora di possedere lo strumento prezioso della matematica, che nel seguito non cessò mai di applicare alle scienze naturali. Subito il suo spirito osservatore superò gli anni e studiava ancora medicina allorché, un giorno, avendo visto nella cattedrale di Pisa una lampada sospesa mossa dal vento, osservò che le oscillazioni grandi o piccole, avvenivano in tempi sensibilmente uguali. Questa osservazione, che ebbe conseguenze tanto importanti, fu in origine applicata dallo scopritore alla medicina e in particolare alla misura della frequenza del polso.

Una circostanza singolare portò presto Galileo verso gli studi di matematica. Suo padre conosceva l'abate Ostilio Ricci, che insegnava geometria ai paggi del granduca e che li accompagnava a Pisa l'inverno allorché la corte si spostava colà. Da quando l'abate Ricci fu giunto a Pisa, Galileo si propose di fargli visita, ma lo trovò impegnato a far lezione ai paggi in un'aula nella quale non erano ammessi gli estranei. Ripeté più volte le sue visite e poiché trovava sempre il professore in compagnia degli allievi, Galileo, dietro la porta, si mise ad ascoltare ciò che si diceva nell'aula. Poiché la geometria era fatta per piacere alla sua intelligenza; ritornò di frequente a palazzo, e queste lezioni di nuovo genere si prolungarono per due mesi. Presto si procurò un Euclide e, con il pretesto di consultare Ricci su una difficoltà, gli fece sapere attraverso quali mezzi si era introdotto nello studio della geometria. Fiero di un tale allievo, Ricci gli propose di seguire apertamente il corso e si offrì di appianargli le difficoltà che avesse incontrato.

Galileo aveva allora diciannove anni, e la geometria attirò talmente la sua attenzione che ben presto trascurò gli altri studi. Informato di questa trascuratezza, ma senza conoscerne la causa, suo padre venne a Pisa per ricondurlo agli studi, ma fu ben sorpreso di trovarlo più impegnato che mai. Dopo alcune inutili discussioni, venne permesso a Galileo di seguire esclusivamente le scienze, e Ricci gli fece dono di un Archimede. Il giovane matematico fu talmente stimolato dalla lettura degli scritti dell'illustre geometra di Siracusa, che da allora in poi non volle avere altra guida, affermando che chiunque segue Archimede può marciare arditamente sulla terra e nel cielo. Sotto tale grande maestro, compì passi da gigante; a ventun anni aveva perfezionato la teoria dei centri di gravità dei solidi, e poiché la fama dei suoi successi cominciava a diffondersi, Vincenzo Galilei, schiacciato dal peso di una numerosa famiglia, fece domanda di una borsa per suo figlio: il granduca gliela rifiutò. Povero e senza alcun incoraggiamento, Galileo si vide presto forzato a lasciare l'università prima di ricevere la laurea.

Ma intanto il suo nome era divenuto celebre. A ventiquattro anni era in corrispondenza con padre Clavio, abile astronomo, con il geografo Ortelio e con altri studiosi in grado di apprezzare il suo talento. Ma il più ardente dei suoi ammiratori, il più utile tra gli amici, fu il marchese Del Monte; distinto geometra, che lo definiva "l'Archimede del suo tempo", e che affermava che, dalla morte del geometra siciliano, non si era mai visto un tale genio. I matematici giudicavano il genio di Galileo in base alle opere che, troppo povero per farle stampare, mandava loro manoscritte. Dopo molti tentativi andati a vuoto di Del Monte e di suo fratello cardinale, di far nominare Galileo professore a Bologna, i suoi amici riuscirono a fargli ottenere la cattedra di matematica nell'Università di Pisa, con sessanta scudi di compenso. Mentre i professori di medicina ricevevano dodicimila franchi all'anno, si davano a Galileo venti soldi al giorno!

Benché il suo corso non sia stato stampato, si sa, dai frammenti che ne rimangono, che Galileo si dichiarava apertamente contro Aristotele. Già Benedetti, studioso veneziano di gran merito, aveva dimostrato mediante il ragionamento che tutti i corpi cadono dalla stessa altezza in tempi uguali. Galileo estese il soggetto e, dopo aver confermato il risultato con l'esperienza, dimostrò, cosa ben più importante e più difficile, che nella caduta dei gravi, le velocità sono proporzionali ai tempi, e che gli spazi percorsi dal mobile stanno tra loro come i quadrati delle velocità. Queste proposizioni sono alla base della dinamica, scienza che Galileo creò così all'età di venticinque anni.

Nelle sue ricerche, chiamava a soccorso il ragionamento e l'esperienza, facendo cadere dei corpi dalla torre pendente di Pisa, che si presta bene a questa sorta di osservazioni. Gli allievi e i professori che assistevano a queste belle esperienze non erano per niente preparati e si dice che irritati contro questo fiero avversario di Aristotele, le abbiano accolte spesso con dei fischi. Una cosa degna di nota è che queste scoperte, che aveva affidato a dei dialoghi conservati a Firenze ma inediti, siano stati pubblicati da lui solo alla fine dei suoi giorni. Vedremo più di una volta questo fatto ripetersi nella vita di Galileo; e poiché comunicava molto volentieri ricerche che non faceva stampare, dovette spesso lamentarsi di persone che abusavano della sua fiducia. Se non hanno cercato di rubargli tutte le sue invenzioni, è perché ne aveva di talmente straordinarie che quelli che erano tentati di appropriarsene le consideravano all'inizio come degli errori.

Nei suoi primi *Dialoghi*, una parte dei quali inserì nei *Discorsi sopra due nuove scienze*, che apparirono cinquant'anni dopo, Galileo si occupava delle oscillazioni del pendolo, della caduta dei corpi lungo la verticale e su un piano inclinato, e dei principi del moto. Si deve vivamente auspicare che questi dialoghi siano infine pubblicati; perché, indipendentemente dalla venerazione naturale che ci porta a raccogliere le minime produzioni degli uomini di genio, niente sarebbe più interessante come studio filosofico, che conoscere i primi passi di Galileo nel mondo sconosciuto in cui ha fatto tante ammirevoli scoperte. I suoi metodi meritano tutta la nostra attenzione, e spesso gli inventori si rivelano principalmente nei primi tentativi.

A quel tempo, come nel medioevo, i professori venivano assunti per un tempo determinato. L'incarico di Galileo aveva una durata di soli tre anni e benché il trattamento fosse molto modesto, i bisogni della sua famiglia gli facevano desiderare ardentemente di vederlo rinnovato. Ciononostante non esitò a mettere in gioco il suo avvenire per amore della scienza e della verità; Giovanni de' Medici, figlio naturale di Cosimo I, che si reputava grande architetto e abilissimo ingegnere, aveva inventato una macchina per dragare di cui Galileo, incaricato di esaminarla, aveva rivelato i difetti. Tale franchezza offese l'autore che se ne lamentò col granduca; e poiché tutti i peripatetici della Toscana appoggiavano questo reclamo, Galileo si vide prossimo a essere respinto dal suo incarico. Cedette quindi alla tempesta e si ritirò a Firenze.

Il marchese Del Monte venne ancora una volta in suo soccorso e l'aiutò a ottenere la cattedra di matematica a Padova, divenuta vacante per la morte di Moleti, professore il cui nome merita di essere ricordato per i suoi tentativi di riforma in meccanica. Il granduca, che venne consultato, lasciò partire senza rincrescimento un uomo di cui non aveva capito il valore. Galileo si trasferì a Venezia nell'estate del 1592 e gli piaceva raccontare in vecchiaia che il baule che si era portato partendo da Firenze non arrivava alle cento libbre, e conteneva tutto ciò che aveva.

Dopo essere stato un po' di tempo a Venezia, Galileo si trasferì a Padova, per dare inizio al suo corso. Tutti gli scrittori contemporanei sono concordi nel proclamare il successo delle sue lezioni. In una scienza difficile e alla portata di un piccolo numero di intelligenze, attirò un numero di uditori che parve straordinario, perfino all'Università di Padova, allora tanto celebre e frequentata.

Nei primi anni del suo insegnamento, Galileo compose il *Trattato delle fortificazioni*, la *Gnomonica*, un *Compendio sulla sfera* e un *Trattato di meccanica*; ma, benché donasse copie di queste opere a tutti quelli che le volevano, e non cessasse di esporne il contenuto nelle sua lezioni, non ne fece stampare nessuna. Il *Trattato di meccanica*, dove applicava il principio delle velocità virtuali, che considerò per primo come una proprietà generale dell'equilibrio delle macchine, apparve solo circa quarant'anni dopo, tradotto in francese da padre Mersenne. Il *Trattato delle fortificazioni* è stato pubblicato solo nel nostro secolo.[5] La *Gnomonica* è andata perduta e il *Compendio sulla sfera* che è stato pubblicato con il nome di Galileo, non è certamente il suo; poiché non solo vi si trovano opinioni diametralmente opposte a quelle che ha sempre professato, ma denota un modo di ragionare che non può appartenergli. Questa indifferenza nei confronti della pubblicazione delle sue opere e liberalità di comunicazione caratterizzavano Galileo. Non cesseremo mai di constatare questo fatto, al fine di poter più facilmente combattere le pretese di coloro che hanno cercato di rubargli la gloria delle sue scoperte.

Secondo tutte le biografie, fu durante i primi anni del suo soggiorno a Padova che Galileo concepì uno strumento molto importante in sé, e più importante ancora in quanto era uno dei primi esempi di applicazione di un fenomeno fisico alla misura dell'intensità di una causa. Si tratta in questo caso del termometro, la cui invenzione è stata attribuita a un gran numero di persone, ma che sembra indubitabilmente appartenere a Galileo.

Fino ad allora ci si era limitati, quasi sempre, a stimare l'intensità delle cause fisiche e delle forze che agiscono sui corpi naturali, in base all'effetto che producono sui nostri sensi. Una valutazione che non poteva avere nul-

---

5. È stata pubblicata infatti per la prima volta nell'edizione completa curata da Alberi e Bianchi [1842-1856, pp. 77-99].

la di preciso, poiché ci sarebbe voluto un altro strumento adatto a misurare i rapporti reciproci delle sensazioni. E poiché gli uomini conservano solo imperfettamente il ricordo delle impressioni che si succedono, ogni confronto risultava impossibile, anche in un solo individuo, e d'altronde non si può fare misure senza stabilire dei rapporti. Quanto alle sensazioni provate da persone diverse, non c'era alcun mezzo di confrontarle tra loro. Tra i fenomeni che si osservano abitualmente, non ve ne sono che abbiano maggior importanza per noi dei fenomeni calorifici. La salute degli uomini e degli animali, i lavori agricoli, le arti più utili e necessarie, dipendono soprattutto dal calore e pertanto, fino al momento in cui Galileo inventò il termometro, non c'era mezzo di determinare la temperatura, e tutti si limitavano a dire: «Ho caldo» o «Ho freddo».

Il grande fisico avendo notato che l'aria, come tutti i corpi in generale, col calore si rarefà e riprende il suo volume primitivo raffreddandosi, fondò su questa semplicissima osservazione lo strumento destinato a rendere sensibile alla vista le variazioni di temperatura. Questo strumento si componeva di un tubo di vetro di piccolo diametro, aperto a una delle estremità, e terminato, all'altro capo, da un'ampolla. Dopo avervi introdotto un po' d'acqua, si immergeva l'estremità del tubo in un vaso pieno d'acqua, mantenendo lo strumento in posizione verticale. La pressione esterna dell'aria tratteneva il liquido nel tubo e il termometro era fatto. In effetti, se si avvicinava un corpo caldo all'ampolla dello strumento, l'aria contenutavi si dilatava e spingeva il liquido che scendeva nel tubo e che risaliva in seguito al raffreddamento. Galileo aveva graduato il tubo per poter fare delle osservazioni. Uno strumento che non era, come dicono i fisici, "comparabile"; poiché essendo sprovvisto di punti fissi nella scala, non consentiva di confrontare tra loro le osservazioni fatte con due diversi di questi strumenti: si trattava di un termoscopio piuttosto che di un termometro. Inoltre, serviva sia da termoscopio che da barometro. Il liquido saliva e scendeva nel tubo, seguendo la pressione atmosferica e l'evaporazione che avveniva al suo interno. Era ancora lontano dai termometri attuali, e tuttavia la vera fisica, la fisica dei pesi e delle misure, nacque il giorno in cui questo strumento fu inventato; poiché fino ad allora gli strumenti che erano stati immaginati per misurare gli effetti naturali o le proprietà dei corpi erano oggetti di curiosità che non si usavano quasi mai, mentre il termometro divenne presto di uso quotidiano per merito di Galileo, che insisteva sulla necessità di introdurre la misura nella filosofia naturale, e che non cessò mai nella sua vita di immaginare nuovi strumenti adatti all'osservazione e alla misura dei fenomeni naturali.

Non esiste forse altra scoperta che abbia avuto tanti pretendenti quanto questa. Fu attribuita a Bacone, a Fludd, a Drehel, a Sanctorius, a Sarpi. Ma testimonianze irrefutabili provano che Galileo aveva costruito il suo termometro fin dal 1597 e da documenti autentici risulta che nel 1603, al più tardi, ne aveva mostrato il funzionamento a padre Castelli.[6]

Da una lettera di Sagredo[7] risulta che dal 1613 questo amico fidato di Galileo faceva a Venezia delle osservazioni con il termometro *inventato* da Galileo, e che da queste osservazioni aveva dedotto risultati molto importanti per la meteorologia. È vero che non si legge la descrizione del

....
6. Da una lettera di Benedetto Castelli a Ferdinando Cesarini del 20 settembre 1638: «In questo mi sovvenne un'esperienza fattami vedere già più di trentacinque anni or sono dal nostro Sig.r Galileo, la quale fu, che presa una caraffella di vetro di grandezza di un piccol uovo di gallina, col collo lungo due palmi in circa, e sottile quanto un gambo di pianta di grano, e riscaldata bene colle palme delle mani la detta caraffella, e poi rivoltando la bocca di essa in vaso sottoposto, nel quale era un poco di acqua, lasciando libera dal calor delle mani la caraffella, subito l'acqua cominciò a salire nel collo, e sormontò sopra il livello dell'acqua del vaso più d'un palmo; del quale effetto poi il medesimo Sig.r Galileo si era servito per fabbricare un istrumento da esaminare i gradi del caldo e del freddo. Intorno al quale strumento sarebbe che dire assai; ma per quanto fa al proposito nostro, basta che in sostanza si osserva che l'acqua, quanto più l'aria circonfusa intorno alla caraffella si trova più e più fredda, tanto più alto sale l'acqua sopra il livello della sottoposta, e quanto lo strumento vien portato in aria meno fredda, tanto più l'acqua si va abbassando nel collo della caraffella [...]».
7. Nella lettera di Francesco Sagredo inviata a Galileo il 9 maggio 1613 si legge: «L'istromento per misurar il caldo, inventato da V.S. Ecc.ma, è stato da me ridotto in diverse forme assai commode et esquisite, in tanto che la differenza della temperie di una stanza all'altra si vede fin 100 gradi. Ho con questi speculate diverse cose meravigliose, come, per essempio, che l'inverno sia più freda l'aria che il giaccio et la neve, che hora appari più freda l'acqua che l'aria, che pochissima acqua sia più freda che molta, et simili sottigliezze, alle quali i nostri Peripatetici non sanno dar nessuna rissolutione, essendone alcuni (tra' quali il nostro Gageo tanto fuori di strada, che ancora non capiscono la causa della prima operatione, stimando essi che si dovesse vedere effetto contrario, perché havendo il caldo (come dicono) virtù attrattiva, bisognerebbe che, riscaldandosi il vaso, tirasse a sé l'acqua. Et così fatti huomeni pretendono le prime letture di Padova!»

termometro nelle opere di Galileo; ma si sa anche che la maggior parte delle opere del grande filosofo toscano sono andate perdute, e non bisogna meravigliarsi se, immerso nelle sue scoperte sul sistema del mondo, non si sia preoccupato di lasciare la descrizione di uno strumento che aveva mostrato a un gran numero di persone. D'altronde, non si deve dimenticare che un professore non ha bisogno di stampare i suoi lavori per renderli pubblici: li espone dall'alto della cattedra e li diffonde così nel mondo. Per vent'anni, Galileo non ha cessato di pubblicare in questo modo le sue scoperte e si comprende che le idee di un maestro celebre, presso il quale gli allievi accorrevano da tutte le parti d'Europa, dovevano diffondersi con meravigliosa rapidità. Questo si verificò per le esperienze sul pendolo che aveva fatto a Pisa, e per il termometro, che si trova menzionato da altri autori solo molto tempo dopo.

Bacone parla solo nel 1620 di *Vitra Kalendaria*, e li cita come cosa già nota. Fludd, che viaggia in Italia, ed era di ritorno in Inghilterra nel 1605, ha cominciato a pubblicare i suoi lavori solo molto più tardi. Drehel, al quale vengono attribuite tante scoperte meravigliose, fece apparire nel 1621 la descrizione di ciò che viene chiamato il suo termometro e che era solo un apparecchio destinato a mostrare la facoltà che ha l'aria di dilatarsi quando riscaldata. Del resto, Drehel sembra avere pressoché copiato un'indicazione che si trova già nelle *Pneumatiche* del Porta. Prima di tutti questi autori, Sanctorius, uomo di grandi meriti, noto per la sua medicina statica, aveva descritto questo strumento nel 1612; infine Sarpi, che non ne parla nelle sue opere a stampa, pare che se ne sia occupato nel 1617.

Queste date bastano ad assicurare la priorità di Galileo; ma non è meno vero che questa ricerca fu divulgata da altri, e non se ne trova traccia nelle opere del grande fisico. Finora abbiamo omesso di menzionare lo scrittore che l'ha improvvisamente fatto conoscere. È nella traduzione italiana delle *Pneumatiche* del Porta che nel 1600 fece la sua comparsa per la prima volta la descrizione di una specie di termometro. Non si sbaglierebbe quindi ad attribuire a Porta una tale scoperta. Il fisico napoletano aveva l'abitudine di riprodurre le invenzioni dei contemporanei senza citarli. D'altronde, dato che il termometro non si trova indicato nella prima edizione dell'opera, comparsa in latino nel 1601, è probabile che, nell'intervallo, l'autore abbia preso conoscenza, almeno in modo imperfetto, dello strumento che Galileo aveva mostrato a Castelli nel 1603.

Se ci siamo soffermati su questo punto non è solo a causa della sua importanza, ma anche allo scopo di dimostrare mediante un esempio come siano state avanzate contro Galileo delle pretese mal fondate. Fortunatamente, per rivendicare la sua proprietà, l'illustre professore di Padova solo di rado ha avuto bisogno d'invocare la testimonianza degli amici: più spesso ne ha reclamato la priorità solo tramite studiosi che avevano fatto comparire i loro scritti dopo la pubblicazione delle opere di Galileo, o quando le sue scoperte erano note e diffuse ovunque.

Non solo questo grande osservatore si dedicava allo studio della fisica e della meccanica razionale, ma si occupava anche di meccanica applicata. Nel 1594 ottenne dal doge di Venezia un privilegio di vent'anni per una macchina idraulica di sua invenzione, e poco tempo dopo inventò il compasso delle proporzioni, strumento utilissimo agli ingegneri, che ebbe un successo straordinario, che Galileo insegnò a usare ad un gran numero di persone.[8] Nel 1599 aveva preso un artigiano presso di lui per fargli costruire alcuni di questi strumenti. Dopo averne spedito in tutta Europa, ne pubblicò infine la descrizione nel 1606, e intanto fecero la loro comparsa persone che avrebbero voluto appropriarsene. Tra questi Baldassar Capra, milanese, che nel 1607 pubblicò la descrizione di uno strumento simile. Galileo, che era già stato attaccato da Capra nel 1605, a proposito di una questione di astronomia, si dolse acutamente di questo plagio. Fu creata una commissione per esaminare la questione, e Capra fu condannato. Galileo dimostrò senza alcun dubbio che l'opera di questo plagiario era una copia della sua, alla quale una mano ignorante aveva solo aggiunto pesanti cantonate. In questa disputa diede il primo esempio della dialettica irresistibile che dovette impiegare più avanti contro i peripatetici. Servendosi soprattutto del metodo socratico, armandosi di volta in volta

....

8. Si riferisce al compasso geometrico-militare. Era un calcolatore analogico costituito da due regoli di ottone lunghi 25 cm, inseriti su un fulcro, sui quali sono riportate scale diverse. Nel 1606 Galileo pubblicò un opuscolo, dedicato a Cosimo de' Medici, dal titolo *Le operazioni del compasso geometrico et militare* in cui illustrava l'utilizzo del regolo calcolatore di sua invenzione, che consentiva nel compiere rapidamente operazioni matematiche, misurare distanze, fare calcoli di balistica, operare cambi tra valute diverse.

del ridicolo e della geometria, confuse il suo avversario, che fu pubblicamente condannato.[9]

La relazione autentica di questo dibattito è stata pubblicata: ne risulta che Capra ignorava gli elementi della geometria e può apparire strano che il filosofo toscano acconsentisse a lottare contro un tale avversario. Ma pare che dietro Capra ci fosse un nemico più temibile, che Galileo non nomina. D'altronde, non solo amava la discussione che gli dava nuova forza, ma nella posizione in cui si trovava, criticando Aristotele e volendo riformare tutto, era costretto a respingere gli attacchi se voleva far trionfare il suo sistema, e non mai rifiutare il combattimento.

Dopo i primi sei anni, Galileo venne confermato nella sua cattedra per un tempo uguale, con un aumento di stipendio. Il suo insegnamento aveva tanto successo che molti principi del Nord lasciarono le loro patrie per andare ad ascoltare l'illustre professore: tra questi fu Gustavo di Svezia. Galileo era costantemente seguito da allievi avidi di ascoltarlo e tanto numerosi che non si trovava un'aula abbastanza ampia da contenerli tutti. Lo circondavano perfino a tavola; e poiché il grand'uomo non aveva quasi tovaglie, dava ai suoi troppo numerosi convitati dei fogli di carta da usare come tovaglie. Soprattutto le sue lezioni sulla stella nuova del Serpentario[10] furono un successo straordinario e gli suscitarono vivaci contrasti. Nelle sue lezioni si era proposto di dimostrare, contrariamente alla dottrina di Aristotele, che i cieli non sono incorruttibili, poiché ammettono cambiamenti. Quella stella, visibile per diciotto mesi e che in seguito scomparve,

----

9. Nella *Difesa contro alle calunnie et imposture di Baldassar Capra*, pubblicato nel 1607, Galileo ci fornisce una vivida rappresentazione dello scontro. Così ne descrive la conclusione: «quelli Illustrissimi ed Eccellentissimi Signori, chiarissimi ormai della verità del fatto, forse compassionando al tormento nel quale io ritenevo il malarrivato Capra, fecero cenno che tanto bastava».

10. Il 9 di ottobre del 1604 comparve nel cielo una stella mai vista prima. Fece la comparsa nella costellazione del Serpentario, una zona di cielo che era particolarmente tenuta d'occhio in quei giorni per motivi astrologici: si attendeva una particolarissima configurazione, con Marte, Giove e Saturno disposti ai vertici di un triangolo rettangolo. La formazione del triangolo era prevista e non avrebbe suscitato meraviglia; invece gli osservatori si imbatterono in un fenomeno del tutto imprevisto: la comparsa di una nuova stella. Una cosa del genere, a memoria d'uomo, si era verificata solo 32 anni prima, nel 1572, e aveva dato origine a una quantità di discussioni tra i sapienti.

era stata considerata dagli uni come una luce situata nelle regioni inferiori del cielo, e dagli altri come una stella antica. Galileo dimostrò che si trattava di una vera stella, e che non era mai stata vista prima. Fu avversato, su questo tema, da Cremonino e da Delle Colombe, fanatici peripatetici; e questo fu anche il primo motivo di contrasto con Capra.[11] Le lezioni che tenne sul tema non sono state stampate; se ne trova un estratto nella risposta di Galileo a Capra, relativa al compasso delle proporzioni.

Fin dalla prima giovinezza, Galileo aveva adottato il sistema di Filolao e di Copernico, e nel 1597 scrisse a questo proposito una lettera a Keplero che gli rispose incoraggiandolo a pubblicare le sue riflessioni in Germania. Ma Galileo rifiutò di seguire il consiglio, per la paura, disse, di essere, come Copernico, coperto di ridicolo. Vi è in questa risposta di che riflettere sulla popolarità nelle scienze; poiché a quei tempi il vero sistema del mondo era talmente impopolare, che in Germania avevano introdotto l'immortale astronomo polacco in certe farse in cui gli si faceva fare il ruolo del buffone, e anche Galileo dovette affrontare il ridicolo e i fischi per annunciare agli uomini le più sublimi verità. Presto tuttavia, uno strumento nuovo, di cui intuì la costruzione e che per primo puntò verso il cielo, gli permise di dare all'ipotesi del moto della Terra un maggior grado di plausibilità.

Dopo la pubblicazione del compasso delle proporzioni, Galileo aveva continuato con un successo sempre crescente le sue lezioni a Padova, senza cessare tuttavia di occuparsi di fisica e di meccanica. Si interessò, di volta in volta, della caduta dei corpi, dell'isocronismo delle oscillazioni del pendolo, dei centri di gravità dei solidi, della teoria del magnete. Sono state pubblicate due lettere in cui il grande fisico descrive dei fenomeni singolari che aveva osservato, in quel tempo, in una calamita.[12]

....

11. Capra aveva colto l'occasione della *stella nova* del 1604 per cercare di screditare Galileo, attaccandolo pesantemente nella *Consideratione astronomica circa la nuova e portentosa stella* (Padova, 1605).
12. Galileo ne parla in alcune lettere a Curzio Picchena e a Belisario Vinta del 1608. Degli studi condotti da Galileo sui magneti testimonia anche Benedetto Castelli nel suo *Discorso sopra la calamita*, del 1639 o 1640, quando, rivolgendosi a Don Ferdinando Cesarini, scrive: «E perché Ella mi comandò ch'io dovessi in un particolar trattato spiegare quel ch'io aveva sopra di ciò considerato, feci mia scusa allegando la gran difficoltà della

Queste osservazioni, che hanno attirato l'attenzione di Leibnitz, meriterebbero anche ai nostri giorni di essere studiate e ripetute dagli studiosi, perché sembrano presentare gravi difficoltà. Nel 1609 i lavori di Galileo presero, improvvisamente, una nuova direzione: all'inizio dell'anno, si diffuse a Venezia la notizia che era stato presentato in Fiandra, a Maurizio di Nassau, uno strumento costruito in maniera tale che gli oggetti lontani si vedevano come se fossero vicini. Non si diceva niente sulla forma di questo apparecchio. Durante un viaggio che fece a Venezia, Galileo udì questa notizia, che gli fu confermata da una lettera che ricevette da Parigi. Di ritorno a Padova, rifletté una notte intera e il giorno dopo il telescopio che prese da lui il nome, era costruito. Lo strumento, che perfezionò presto in maniera tale da poter ottenere un ingrandimento di mille volte delle superfici, produsse a Venezia la più grande sensazione e suscitò l'entusiasmo generale. Il senato decretò che Galileo conservasse la cattedra a vita, con uno stipendio di mille fiorini. Le torri e i campanili di Venezia erano pieni di gente che, col telescopio in mano, guardava i vascelli che navigavano sull'Adriatico. Con l'aiuto di questo strumento meraviglioso, i veneziani speravano di poter sempre sorprendere o evitare i nemici.

La storia di questa invenzione è stata narrata da Galileo stesso, che non se n'è mai attribuito il primo onore, ma che ha sempre affermato – e le sue asserzioni sono sempre confermate dalle testimonianze contemporanee – di aver scoperto il segreto e perfezionato la costruzione dello strumento. L'artigiano del conte di Nassau venne presto dimenticato e da ogni parte d'Europa ci si rivolse a Galileo per avere un telescopio. Documenti autentici dimostrano che quello che era stato costruito inizialmente in Olanda poteva a malapena ingrandire di cinque volte il diametro di un oggetto. Nel 1637 non erano capaci in Olanda di realizzare telescopi adatti all'osservazione dei satelliti di Giove, che sono ora così facili da vedere. Questo dimostra i diritti incontestabili di Galileo sull'invenzione del telescopio che, senza di lui, sarebbe rimasto ancora a lungo inutile tra le mani di un operaio poco abile.

....

materia, la quale supera di gran lunga la mia debolezza, aggiungendo il poco tempo che avevo impiegato in questa contemplazione; e di più soggiunsi che, dopo il Gilberti, il sig. Galileo Galilei era penetrato tanto avanti, che reputavo a me assolutamente impossibile arrivare a tanta esatta notizia di così alte conclusioni, non che trapassarle».

Se il senato di Venezia, mediante il telescopio, tendeva soprattutto al dominio del mare; con l'aiuto di questo strumento, Galileo volle regnare sul cielo. Fu un'idea tanto semplice quanto feconda che portò questo grande astronomo a rivolgere il suo telescopio verso gli astri. Si era pensato, fino ad allora, che il cielo presentasse fenomeni del tutto particolari, e che, per la loro natura e la distanza a cui sono posti, gli astri si trovassero al di là della portata dei mortali. Fu dunque un bel giorno per i filosofi quello in cui si dimostrò che l'uomo poteva infrangere le barriere che lo separano dal cielo.

Galileo aveva costruito il suo primo telescopio nel mese di maggio del 1609. Dovette passare qualche tempo a perfezionarlo, e il suo ardore fu tale che, meno di dieci mesi dopo pubblicò un libro pieno delle più belle scoperte astronomiche. Dirigendo, all'inizio, il telescopio verso la Luna, vi scorse montagne più elevate di quelle della Terra, e vi riconobbe delle cavità e delle asperità considerevoli; tuttavia non si lasciò confondere da queste analogie tra il corpo della Luna e quello della Terra: fece notare che un astro nel quale ogni punto della superficie rimane per circa quindici giorni nelle tenebre, dopo essere stato illuminato dal Sole per un uguale intervallo di tempo, deve essere sottoposto a tali variazioni di temperatura, che nessuno dei corpi organici che si trovano sulla Terra potrebbe sopportare. Queste prime osservazioni di Galileo furono criticate da diversi professori e da dei gesuiti che non le comprendevano e che, con la loro opposizione, indussero il grande astronomo a riprenderle e a proseguirle. Per circa trent'anni la Luna fu per lui un campo di scoperte notevoli, tra le quali è necessario prima di tutto menzionare quella sorta di oscillazione che gli astronomi chiamano *librazione*.

Mentre pubblicava le sue prime osservazioni sulla Luna, Galileo vi aggiunse altre scoperte ancora più importanti. Dopo aver riconosciuto che la Via lattea è un ammasso di piccoli astri, e che il cannocchiale non ingrandisce le stelle fisse, scoprì, il 7 gennaio, 1610, tre dei satelliti di Giove; sei giorni dopo, osservò il quarto. Presto determinò le orbite e i periodi di rivoluzione di questi satelliti e applicò le eclissi di questi astri alla determinazione delle longitudini, problema della più alta importanza per la navigazione e di cui tutti gli scienziati cercavano da lungo tempo la soluzione. Malgrado le ragioni che aveva di lamentarsi del granduca, Galileo volle rendere immortale una famiglia alla quale doveva così poco, e i satelliti di Giove ricevettero da lui il nome di Astri medicei.

Dopo la pubblicazione dell'opera contenente osservazioni così interessanti, così inattese, Galileo si occupò di Saturno; e poiché l'imperfezione del suo telescopio, che non aveva un sufficiente ingrandimento, non gli consentiva di distinguere la forma dell'anello, credette che le due parti dell'anello che vedeva sporgere dal corpo del pianeta vi aderissero e che l'astro fosse fatto di tre parti. Annunciò questa scoperta con un anagramma che nessuno riuscì a risolvere e di cui l'imperatore Rodolfo II chiese la soluzione.[13]

Le scoperte, che si succedevano con tale stupefacente rapidità, suscitarono l'emulazione e l'invidia di molti scienziati, l'ammirazione degli amici di Galileo e le proteste dei suoi nemici. Fecero degli inutili tentativi di trovare nuovi pianeti o almeno dei satelliti, e nell'impossibilità di riuscirvi, venne annunciata pomposamente la scoperta di nuovi astri che erano già noti. Il granduca di Toscana testimoniò con ricchi doni la sua soddisfazione al professore di Padova, e il re di Francia gli fece chiedere di mettere il suo nome ad altri astri. I poeti fecero a gara a celebrare le scoperte dell'illustre astronomo, e i satelliti di Giove furono rappresentati in balletti e mascherate. Fatti diversi che dimostrano quale impressione avessero prodotto tali scoperte in tutte le classi della società. Ma intanto i peripatetici le negavano con rabbia. Parrebbe che sarebbe bastato guardare per esserne convinti; ma gli uni non volevano mettere l'occhio ad un cannocchiale, gli altri pretendevano che quelle che si vedevano fossero illusioni diaboliche prodotte dalle lenti del telescopio. L'ignoranza si univa così alla cattiva fede.

Diventato celebre per questi brillanti lavori, vivendo nell'agio che gli procurava l'esercizio dei suoi talenti, circondato da amici potenti e devoti, Galileo sembrava irrevocabilmente fissato a Padova e destinato a vivere sotto le leggi della repubblica di Venezia; poiché da nessuna parte avrebbe

13. Nell'agosto del 1610, Galileo inviò a Giuliano de' Medici, ambasciatore di Toscana, la frase anagrammata: SMAISMRMILMEPOETALEUMIBUNENUGTTAURIAS. Keplero, nel tentativo di decifrare l'anagramma, arrivò a salve UMBISTINEUM GEMINATUM MARTIA PROLES, che indicava la scoperta di due satelliti di Marte. Ma il significato vero lo diede Galileo dopo breve tempo: ALTISSIMUM PLANETAM TERGEMINUM OBSERVAVI, dove il pianeta più distante era Saturno.

potuto trovare altrettanta libertà per le sue opinioni filosofiche, né amici come Sagredo e Sarpi. Ammiratore del grande astronomo ed entusiasta della nuova fisica, Sagredo non aveva cessato un solo istante di sostenerlo in senato con l'autorità del suo nome, con l'influenza della sua famiglia. Sarpi, reso tanto celebre dalla sua storia del concilio di Trento, amava e coltivava le scienze con successo: spirito universale, si è occupato di volta in volta di astronomia, di algebra, di fisica, d'anatomia, e ha contribuito ad alcune delle più importanti scoperte che sono state fatte ai suoi tempi. La grande reputazione di cui godeva come teologo e come uomo di stato, lo rendeva molto influente a Venezia e usò il suo credito per proteggere Galileo contro gli attacchi di cui era oggetto. Tuttavia, malgrado i tanti motivi che avrebbero dovuto trattenerlo a Padova, Galileo commise l'errore irreparabile di tornare in Toscana: un errore che fu alla base di tutte le sue disgrazie. Le cause che lo portarono a questa fatale decisione non si conoscono bene; ma si può credere che, stanco di un insegnamento che gli prendeva una notevole quantità di tempo, desiderasse liberarsene, e che, non potendo farlo a Padova, abbia cercato di accordarsi col granduca. Non si sa da quale parte siano venute le prime proposte: già Galileo aveva approfittato, a più riprese, delle vacanze per andare a passare qualche mese in Toscana. Durante questi soggiorni era stato ricevuto a corte e aveva anche dato delle lezioni ai figli del granduca. Questi brevi soggiorni dovettero risvegliare in lui l'amore per il paese natale, che diventa ogni giorno più forte presso gli uomini costretti a vivere a lungo in terra straniera.[14]

D'altra parte i Medici avevano in animo di richiamare a Firenze un uomo tanto celebre: dopo averlo abbandonato proprio quando il loro appoggio avrebbe potuto essergli utile, vollero condividere la sua gloria e la sua celebrità quando non aveva più bisogno di protezione. Tuttavia, non furono in trattativa troppo a lungo, cosicché, dopo alcuni colloqui, Galileo, che aveva appena fatto scoperte tanto clamorose e che ne preparava molte altre, il 10 luglio 1610, fu nominato Primo matematico e filosofo del granduca di Toscana, con uno stipendio inferiore a quello che aveva a Padova e agli emolumenti di cui godeva qualsiasi professore dell'Università di Pisa. La decisione di Galileo indispose vivamente i veneziani. Sagredo

---

14. È trasparente il riferimento di Libri al suo stato di fuoriuscito dalla Toscana.

era allora in viaggio in Oriente; al suo ritorno scrisse al grande astronomo una lettera in cui, testimoniando il dispiacere che gli aveva causato la sua partenza, esprimeva dei timori che non tardarono a realizzarsi.[15]

Con la preveggenza e la misura che hanno sempre caratterizzato l'aristocratico veneziano, Sagredo fece sentire all'amico l'imprudenza che aveva commesso lasciando un paese libero in cui i capi del governo avevano per lui la più grande deferenza, per andare a mettersi alla mercé di un principe giovane e incostante, in un paese in cui i gesuiti esercitavano un potere tanto grande. Sarpi, politico profondo, si spinse ancora più lontano e, avendo saputo poco tempo dopo che Galileo voleva andare a Roma per convincere i suoi avversari, gli ricordò che la questione del moto della Terra sarebbe presto diventata una questione religiosa e che il matematico del granduca di Toscana sarebbe stato costretto a ritrattare per sfuggire alla scomunica.

Galileo tornò a Firenze verso la metà del mese di settembre 1610 e riprese le sue ricerche con tale ardore che dopo qualche giorno aveva scoperto le fasi di Venere, di cui diede notizia agli astronomi sotto forma di anagramma. Presto osservò cambiamenti notevoli nel diametro apparente di Marte e nella luminosità di questo pianeta. A Padova aveva già scoperto le macchie solari che aveva mostrato a Sarpi e ad altri studiosi. Proseguì le sue osservazioni in Toscana e durante il soggiorno che compì a Roma nel 1611, in primavera, mostrò le macchie a un gran numero di persone e a diversi cardinali avidi di vedere tutte queste novità nel cielo, che i peripatetici si ostinavano a considerare come incorruttibile.

---

15. Nella prima lettera scritta a Galileo dopo il ritorno dal lungo viaggio (13 agosto 1611), Sagredo diceva: «La libertà et la monarchia di sé stessa dove potrà trovarla come in Venetia? Principalmente havendo li appoggi che haveva V.S. Ecc.ma, i quali ogni giorno, con l'accrescimento della età et auttorità de' suoi amici, si faceva più considerabile. V.S. al presente è nella sua nobilissima patria; ma è anco vero che è partita dal luogo dove haveva il suo bene. Serve al presente Prencipe suo naturale, grande, pieno di virtù, giovane di singolar aspettatione; ma qui ella haveva il commando sopra quelli che comandano et governano gli altri, et non haveva a servire se non a sé stessa, quasi monarca dell'universo. La virtù et la magnanimità di quel Prencipe dà molto buona speranza che la devotione et il merito di V.S. sia agradito et premiato; ma chi può nel tempestoso mare della Corte promettersi di non esser dalli furiosi venti della emulatione, non dico sommerso, ma almeno travagliato et inquietato?»

L'universale meraviglia provocata da queste scoperte, in un tempo in cui si credeva ancora che il cielo e gli astri si mostrassero ai nostri occhi come sono, la sensazione che produssero a Roma, le discussioni che si accesero sull'immobilità della Terra che Galileo non accettava, finirono per suscitare l'attenzione di alcuni ecclesiastici influenti che affermarono che ciò che Galileo mostrava era solo una sorta di illusione non conforme ai dogmi della Chiesa. Il cardinale Bellarmino si rivolse a quattro gesuiti, tra i quali si trovava l'astronomo Clavio, per chiedere il loro parere su queste scoperte: la loro risposta è stata pubblicata e dimostra che a quel tempo [i gesuiti] non respingevano le nuove osservazioni. Presto Galileo fece ritorno in Toscana coperto di gloria. Lasciò a Roma degli amici e degli ammiratori entusiasti e un'associazione potente – l'Accademia dei Lincei – che si poneva lo scopo di un progresso indefinito in tutte le cose e che aveva adottato come guida questo grand'uomo; ma lasciò anche dei nemici, degli invidiosi, e nei capi della Chiesa una malevolenza sorda e sotterranea che sarebbe cresciuta poco a poco e trasformata infine in un persecuzione aperta e feroce.

È stato probabilmente al suo ritorno da Roma che Galileo, ha inventato il microscopio. Uno strumento che, basandosi su testimonianze molto posteriori, è stato attribuito a Zacharias Jansen de Middelbourg e che Drehel avrebbe visto nel 1619 in Inghilterra come cosa nuova, era stato costruito almeno sette anni prima da Galileo che, stando a Viviani, ne aveva inviato uno al re di Polonia. La data è stata contestata, ma alcune opere pubblicate nello stesso anno dimostrano che il microscopio era già conosciuto in Italia e allora l'anteriorità non era stata contestata a Galileo. D'altra parte sembra che solo nel 1624 abbia perfezionato lo strumento e che gli abbia dato la forma che ha conservato da allora.

Benché desiderasse soprattutto continuare le sue osservazioni astronomiche e portare a termine le opere iniziate, Galileo fu presto distolto dai suoi lavori. Il granduca, che amava le scienze, riuniva volentieri degli scienziati per ascoltarli discutere di diversi temi di filosofia e di fisica. In una di queste riunioni, i peripatetici pretendevano che la forma di un corpo immerso in un liquido influisse principalmente sulla sua capacità di galleggiare. Galileo, che nella sua giovinezza, si era già occupato di idrostatica, sosteneva l'opinione contraria, e questa discussione produsse un'opera dal titolo: *Discorso sulle cose che galleggiano o che si muovono nell'acqua.*[16] In questo libro, che suscitò le critiche più feroci e ingiuste, non solo Galileo stabilisce la vera teoria dell'equilibrio dei corpi galleggianti, ma, per replicare ai suoi avversari, cita una quantità di fatti interessanti che aveva osservato e che spiega con i veri principi della fisica. Lagrange ha osservato che, Galileo, autore del principio delle velocità virtuali, in quest'opera ne aveva dedotto i principali teoremi dell'idrostatica.[17]

Benché di volta in volta attaccato da Grazia, Delle Colombe, Coresio e Palmerini, peripatetici ignoranti, il nome dei quali è conosciuto solo grazie al loro illustre antagonista, Galileo non rispondeva direttamente ai suoi avversari. Il suo allievo e amico Castelli, frate dell'ordine di Monte Cassino, che si è conquistato una giusta celebrità attraverso i suoi scritti di idraulica, si fece carico di pubblicare una risposta che probabilmente Galileo stesso aveva redatto, ma sulla quale il suo nome non compariva. La polemica non gli impedì di continuare i suoi lavori astronomici. Già nell'opera sui corpi che galleggiano sull'acqua aveva menzionato la scoperta delle macchie solari, da cui aveva dedotto la rotazione dell'astro intorno al proprio asse, e aveva fatto conoscere le fasi di Venere, come pure i tempi che i satelliti di Giove impiegano a percorrere le orbite descritte intorno al pianeta. Ma il gesuita Scheiner aveva pubblicato tre lettere nelle quali rivendicava a sé la scoperta delle macchie solari. Galileo inviò all'Accademia dei Lincei una sua *Storia delle macchie solari*, la cui pubblicazione fu ostacolata dalla censura e quindi comparve solo all'inizio del 1613. Nella prefazione, i Lincei reclamavano l'anteriorità in favore di Galileo che, dicevano, aveva mostrato a Roma le macchie a una folla di persone. In

16. Galileo Galilei, *Discorso al Serenissimo Don Cosimo II, Gran Duca di Toscana, intorno alle cose che stanno in su l'acqua o che in quella si muovono*, Cosimo Giunti, Firenze 1612.

17. «Nel suo *Discorso intorno alle cose che stanno su l'acqua o che in quella si muovono*, egli [Galileo] deduce immediatamente da questo principio [delle velocità virtuali] l'equilibrio dell'acqua in un sifone, facendo vedere che se si suppone il fluido alla stessa altezza nei due rami, non potrebbe scendere in uno, e salire nell'altro senza che i momenti non siano uguali nella parte di fluido che scende, e in quello che sale. Galileo dimostra in modo analogo l'equilibrio dei fluidi con i solidi immersi, e quantunque le sue dimostrazioni non sembrino aver tutto il rigore che si potrebbe desiderare, è tuttavia facile mettervi in evidenza il Principio di cui parliamo in una più grande generalità, cosa che ha fatto poi l'Abate Grandi nelle sue note allo stesso Trattato di Galileo» [Lagrange 1788, p. 127].

quello scritto Galileo espone le sue osservazioni e rifiuta le erronee opinioni di Scheiner che, partendo dall'assioma ammesso nelle scuole che il Sole fosse un corpo duro e invariabile, aveva proposto che le macchie fossero dei pianeti in orbita intorno al Sole. La priorità di Galileo, stabilita dalle prove più sicure e convincenti, non dovrebbe essere posta in dubbio; ma quand'anche il grande astronomo (di Firenze) non fosse stato il primo a osservare le macchie (le macchie solari), avrebbe superato tutti i suoi rivali per le conseguenze importanti che seppe ricavarne relativamente alla costituzione fisica del Sole e al moto di rotazione di questo astro. Galileo si astenne dal fare alcuna ipotesi sulla causa, ancora ignota oggi, di questo fenomeno. Ciò non di meno, la sua opera sulle macchie solari è ancora degna di essere consultata dagli studiosi, e tutti coloro che vogliono ricercare la spiegazione di queste forme singolari dovrebbero leggere prima di tutto lo scritto di Galileo che, mediante osservazioni ripetute, ha saputo scoprire le principali circostanze dell'apparizione e del moto delle macchie.

Galileo non avrebbe potuto avanzare così rapidamente sulla via della verità senza esporsi ai più gravi pericoli. Battuti nelle discussioni scientifiche, i peripatetici avrebbero fatto ricorso agli argomenti più terribili della religione. Abbiamo già visto che da lungo tempo Galileo aveva adottato la teoria del moto della Terra: benché non avesse ancora sostenuto pubblicamente questa opinione, tuttavia non aveva mai cessato di diffonderla presso allievi e amici.

Ora, fino a che questa teoria era rimasta allo stadio di ipotesi, la Chiesa non aveva creduto di intervenire e quantunque professasse generalmente la dottrina opposta, aveva permesso al cardinale di Cusa di sostenere il moto della Terra e a Copernico di pubblicare la sua teoria in un'opera di cui il papa aveva accettato la dedica; poiché allora il pubblico, rigettando questa teoria, si teneva all'immobilità della Terra; e poiché questa ignoranza universale che cercava di coprire di ridicolo Copernico, aveva fermato a lungo Galileo, la Chiesa non aveva alcun serio motivo di inquietudine e sdegnava questi tentativi impotenti. Ma infine il filosofo toscano, come tutti i grandi spiriti, scuotendosi dal giogo della moltitudine, seppe, col suo coraggio, il suo genio, il suo amore ardente per la verità, riformare l'opinione generale e poiché il suo ascendente aveva acquisito il concorso di tutti gli uomini di talento, il sistema di Tolomeo e la filosofia di Aristotele furono a loro volta soggette a minaccia. Galileo divenne allora bersaglio della stessa persecuzione che aveva colpito tutti quelli che avevano tentato fino ad allora di operare una riforma della filosofia.

Abbiamo già detto che, durante il soggiorno a Padova, aveva dovuto sostenere diversi scontri con professori dell'università e i gesuiti; ma il governo si era mantenuto neutrale, e addirittura, in certi casi, il rinnovatore si vide appoggiato dall'autorità. Non fu lo stesso in Toscana, dove i Medici, sottomessi al papa e al clero, avevano più volte sacrificato i loro interessi e i loro amici alle esigenze e ai rancori della corte di Roma. Cosimo II stimava senza dubbio Galileo, ma era giovane, senza esperienza e circondato d'altronde da gente attaccata all'antica filosofia e al papa, perciò questo principe non poteva quasi proteggerlo. Finché [Cosimo II] fu in vita, la vera filosofia non ebbe a subire persecuzioni troppo violente; ma dopo la sua morte, durante la reggenza di Cristina di Lorena, sotto il regno di Ferdinando II, Galileo dovette soffrire trattamenti odiosi, senza che il governo toscano osasse mai difenderlo se non con le preghiere e tremando.

Benché diversi gesuiti avessero combattuto le dottrine di Galileo, questi furono inizialmente attacchi isolati e abbiamo visto che le sue scoperte erano state confermate da astronomi della Compagnia di Gesù. Roma non poteva approvare queste novità; ma esitava ancora a prendere partito su una questione che appariva puramente matematica: tuttavia fu ben presto trascinata dai clamori dei partigiani dell'antica filosofia, che erano nello stesso tempo gli uomini più ortodossi e i più fermi sostenitori della Chiesa. Era anche evidente che i primi sintomi di persecuzione religiosa erano apparsi in Toscana. L'arcivescovo di Firenze, Marzi Medici, Gherardini, vescovo di Fiesole, e d'Elci, provveditore dell'Università di Pisa, ne furono i promotori. È vero che il padre Foscarini, padre Castelli e monsignor Ciampoli presero le difese di Galileo, e che il cardinal Conti parve molto indifferente al sistema del moto della Terra o all'ipotesi di Tolomeo. Ma presto i domenicani, che si erano dichiarati fortemente contrari a Galileo, entrarono nella disputa con tutta la loro violenza. Padre Caccini predicò pubblicamente a Firenze contro il grande astronomo e il suo sermone, in cui si proponeva di dimostrare che «la geometria è un'arte diabolica e che le matematiche dovrebbero essere bandite da tutti gli Stati come sorgente di tutte le eresie», cominciava con le parole di san Luca:

Viri Galilei, quid statis adspicientes in Cælum? L'ignoranza di questi padri ugua-
gliava il loro fanatismo. Non cessavano di ripetere la frase *Terra in æternum
stat* della Scrittura, oppure quel passaggio in cui si dice che Giosuè comandò al sole di fermarsi, e non conoscevano neppure i nomi degli autori di
cui condannavano le dottrine. Galileo rispose poco ai suoi avversari, non
curandosi di loro. Nelle lettere che mandava agli amici e le cui copie si
diffondevano dovunque con grande rapidità, si sforzava principalmente
di dimostrare che le Sacre Scritture erano state mal interpretate, e dimostrava molto abilmente che prendendo alla lettera il passaggio di Giosuè,
il giorno avrebbe dovuto accorciarsi e non allungarsi. Queste discussioni
teologiche, nelle quali era pericoloso aver ragione, non fecero che irritare
ulteriormente i suoi avversari e si sa che di tutti gli scritti di Galileo, non
ve n'è alcuno che sia stato tanto severamente proibito quanto la lettera indirizzata nel 1615 alla granduchessa Cristina in cui esaminava soprattutto
dal punto di vista teologico la questione.[18] Questo scritto, pubblicato solo
molti anni dopo, è un modello di dialettica e si può confrontare alle celebri lettere con le quali un altro illustre geometra, Pascal, confuse, qualche
anno dopo, altri teologi.

La corte di Roma seguiva attentamente tutte queste controversie e
non gradiva che l'interpretazione delle Scritture fosse data in mano a se-
colari. In questo risiedeva la vera difficoltà, poiché non mancavano gli
ecclesiastici disposti in favore della teoria del moto della Terra; ma tutti
pretendevano di conservare alla Chiesa il diritto esclusivo dell'interpretazione. Ciononostante il cardinale Bellarmino, gesuita molto influente,
pensava che il sistema di Copernico fosse contrario alla fede e poiché,
malgrado le assicurazioni che gli si davano, Galileo temeva che sarebbe

---

18. Il 21 dicembre 1613, Galileo si rivolse a Benedetto Castelli, suo devoto discepolo,
con una lunga lettera in cui affrontava il problema dell'accordo tra copernicanesimo e
testi sacri, e più in generale sul significato e il valore dei contenuti scritturali in ambito
scientifico. La *Lettera a Benedetto Castelli* contiene i capisaldi delle posizioni esegetiche che
Galileo avrebbe in seguito dettagliato e articolato nella celebre *Lettera a Cristina di Lorena* (1615), e ne anticipa i contenuti essenziali. Sebbene, in via di principio, la Scrittura
non possa errare, possono però sbagliare i suoi interpreti nell'intenderne il significato
genuino. L'astronomia e le altre scienze della natura vanno indagate dunque in modo
autonomo dalla religione.

arrivato a condannare questa teoria, si recò a Roma per difenderla, munito di lettere di raccomandazione del granduca di Toscana.

Al suo arrivo in questa città, Galileo trovò le cose più avanzate di quanto aveva supposto. In una lettera dell'inizio del 1616 indirizzata a Picchena, segretario del granduca, parlava di calunnie che erano state diffuse contro di lui e della speranza che aveva di dissiparle; ma questa speranza non si sarebbe realizzata. Malgrado le più belle promesse, i cardinali suoi protettori finirono successivamente per abbandonarlo. I frati che l'avevano attaccato in Toscana, si trasferirono a Roma per coronare la loro opera e, benché il padre Caccini in occasione di un incontro con Galileo, gli avesse fatto delle scuse formali e fingesse ipocritamente di volersi riconciliare con lui, proseguì nell'ombra la persecuzione che aveva iniziato dall'alto della cattedra e in piena luce. Sostenuto dal principe Cesi, presidente dell'Accademia dei Lincei, Galileo cercava, con l'aiuto del ragionamento e dell'esperienza, di dimostrare la verità del sistema di Copernico; ma la sua attività e lo zelo da cui era animato per il trionfo della verità, gli furono di nocumento. Il cardinal Orsini, il solo che osò levare la voce presso il papa per difendere questo sistema, fu accolto freddamente e alla fine anche a lui fu imposto il silenzio. Infine, il 5 marzo 1616, la congregazione dell'Indice sospese il libro di Copernico in attesa che venisse corretto, interdisse lo scritto di padre Foscarini in favore di Galileo e proibì in generale tutte le opere favorevoli al moto della Terra.

Galileo non aveva pubblicato nessuna opera in cui tale moto venisse sostenuto e il decreto non poteva riguardarlo. Tuttavia si diffuse la notizia che il filosofo toscano avesse dovuto abiurare e che fosse stato punito. Per rispondere a queste voci, si fece rilasciare un certificato dal cardinale Bellarmino. Questo documento attestava che Galileo non era stato condannato in nessun modo, ma che gli era stata notificata la dichiarazione del papa promulgata dalla congregazione dell'Indice, secondo la quale l'opinione del moto della Terra era stata dichiarata contraria alla Santa Scrittura e che era stato diffidato dal sostenerla.

Una tale sentenza, resa da uomini che non avevano alcuna nozione di astronomia, esasperò Galileo; ma il papa si dichiarò così apertamente contro di lui, che Guicciardini, ministro di Toscana a Roma, dovette avvertire il granduca dei pericoli ai quali si poteva andare incontro continuando a proteggere Galileo. La lettera che scrisse a questo proposito l'ambasciato-re non fa onore al suo coraggio: è molto curiosa. Dopo aver parlato della condanna e delle circostanze che vi avevano condotto, Guicciardini dice che il cielo di Roma è molto pericoloso, soprattutto «sotto un papa che aborre le lettere e i talenti e che non può soffrire né le novità, né le sotti-gliezze, cosicché tutti cercano di imitarlo e quelli che sanno qualcosa, se hanno un po' di spirito, fanno finta d'essere ignoranti per non dare adito a supposizioni ed evitare di essere perseguitati».[19]

Aggiunge che i frati sono nemici di Galileo e che restando a Roma, potrebbe mettere in imbarazzo il governo toscano, che si è sempre distinto per deferenza verso l'Inquisizione. Prega il granduca di raccomandare al principe Carlo suo fratello, che il papa aveva appena nominato cardinale e che doveva andare a Roma, di evitare i sapienti e ripete che il papa li ama così poco che ciascuno si sforza di apparire ignorante. Infine, indica il pericolo che deriverebbe al nuovo cardinale dal prendere Galileo sotto la sua protezione. Il papa di cui Guicciardini fa un tal ritratto, era quel Paolo V sotto il pontificato del quale Sarpi fu assassinato a Venezia da dei sicari che in seguito trovarono rifugio nello Stato della Chiesa.[20] Si sa che, per i suoi contrasti con la repubblica di Venezia, questo papa fu sul punto di mettere sottosopra l'Italia, e che, per sostenere le sue violenze teologiche, fece perire sul patibolo illustri vittime dopo averle attratte a Roma con

----

19. Ecco il passo integrale contenuto nella lettera di Guicciardini a Cosimo II del 4 mar-zo 1616: «Ma egli s'infuoca nelle sue openioni, ci ha estrema passione dentro, et poca fortezza et prudenza a saperla vincere: tal che se li rende molto pericoloso questo cielo di Roma, massime in questo secolo, nel quale il Principe di qua aborrisce belle lettere et questi ingegni, non può sentire queste novità né queste sottigliezze, et ogn'uno cerca d'accomodare il cervello et la natura a quella del Signore; sì che anco quelli che sanno qualcosa et son curiosi, quando hanno cervello, mostrano tutto il contrario; per non dare di sé sospetto e ricevere per loro stessi malagevolezze».

20. Il 5 ottobre 1607, «circa le 23 ore, ritornando il padre al suo convento di San Marco a Santa Fosca, nel calare la parte del ponte verso le fondamenta, fu assaltato da cinque assassini, parte facendo scorta e parte l'essecuzione, e restò l'innocente padre ferito di tre stilettate, due nel collo e una nella faccia, ch'entrava all'orecchia destra et usciva per apunto a quella vallicella ch'è tra il naso e la destra guancia, non avendo potuto l'assas-sino cavar fuori lo stillo per aver passato l'osso, il quale restò piantato e molto storto» [Micanzio 1646]. Ma Sarpi morì sedici anni dopo.

l'inganno. Galileo che, dopo la sentenza contro Copernico, persisteva a rimanere a Roma e a sostenere il sistema del moto della Terra con l'ardore che deriva dal culto della verità, che egli professò sempre, avrebbe forse finito col pagare cara la sua insistenza, se il granduca non avesse deciso di sottrarlo prontamente ai pericoli che lo minacciavano. Una lettera che gli fece scrivere dal suo segretario, e di cui i religiosi non erano a conoscenza, decise infine il filosofo a tornare in Toscana.

Galileo rinnovò allora le proposte che aveva già fatto nel 1612 al re di Spagna, relativamente alla determinazione della longitudine in mare mediante i satelliti di Giove. Dopo vent'anni circa di negoziati, dovette convincersi che il suo metodo non era stato capito e vedremo più avanti che non ottenne maggior successo rivolgendosi all'Olanda. La sentenza dell'Inquisizione e l'odio di cui era oggetto non fecero che fortificare le sue naturali disposizioni a non pubblicare le sue ricerche, che si limitava a comunicare agli amici mediante lettere che venivano copiate e diffuse in tutta Europa.

L'apparizione di tre comete nel 1618 non poteva mancare di fornire al suo spirito un soggetto di meditazione; ma essendo al tempo malato, e non volendo esporsi a nuove seccature, Galileo si limitò a far conoscere le sue idee ad alcune persone, e tra gli altri a Mario Guiducci, conso-le dell'Accademia di Firenze. Guiducci pubblicò una dissertazione sulle comete nella quale si criticava un gesuita influente, padre Grassi, che in un opuscolo sullo stesso tema, non aveva fatto menzione di Galileo a proposito delle ultime scoperte astronomiche. Questo attacco contro i gesuiti fece tremare a ragione gli amici di Galileo. Grassi rispose e andò a cercare, dietro la disciplina, il maestro; allora Galileo, benché sofferente, scrisse in risposta il *Saggiatore* che, in osservanza al regolamento dei Lincei, di cui Galileo era il primo ornamento, fu pubblicato a Roma a cura di quella società.[21] Grassi, vivamente irritato, replicò di nuovo e, poiché si

_____

21. Ecco il testo presente sul frontespizio: «Il Saggiatore nel quale con bilancia esquisita e giusta si ponderano le cose contenute nella Libra astronomica e filosofica di Lotario Sarsi Sigensano. Scritto in forma di lettera all'Illustrissimo e Reverendissimo Monsig. D. Virgi-nio Cesarini Acc.° Lincei, M° di camera di N.S. dal Signor Galileo Galilei Acc.° Lincei, Nobile Fiorentino Filosofo e Matematico Primario del Serenissimo Gran Duca di Tosca-na, dagli Accademici Lincei dedicato alla Santità di papa Urbano Ottavo, Roma 1623».

trovava di fronte un avversario quale non aveva mai avuto di eguale nella polemica scientifica, non cessò, per spirito di vendetta, di suscitare nemici nei confronti di Galileo.

Il discorso di Guiducci e *Il Saggiatore* hanno l'obiettivo di rifiutare le asserzioni degli antichi filosofi, e di Aristotele principalmente, sulle comete e di mostrare che l'opinione più probabile è che le comete siano apparenze prodotte da esalazioni emanate dagli astri, diffuse nello spazio illuminate dal Sole e che non sarebbe stato possibile determinarne la distanza dalla Terra mediante la parallasse prima di aver dimostrato che non si tratta di fenomeni di posizione come l'arcobaleno. Benché Galileo si mantenga sempre riservato in fatto di ipotesi, si vede tuttavia che opta per questa. In verità, al tempo dell'apparizione delle tre comete del 1618, mancavano le conoscenze e la salute di Galileo gli avevano impedito di prendere in considerazione le altre osservazioni che, solo, avrebbero potuto risolvere la questione. Già questa opinione era stata enunciata da Rothmann, astronomo del langravio di Hesse-Cassel e amico di Tycho Brahe, e da Snellius, abile matematico olandese che si è dato lustro con la scoperta della vera legge della rifrazione; fu in seguito sostenuta dal celebre astronomo di Danzica, Hevelius, e adottata da Cassini, che più tardi l'abbandonò.

Il Saggiatore non è un'opera dogmatica; è uno scritto polemico redatto con talento inimitabile e si comprende il risentimento di Grassi. I gesuiti, la cui animosità verso Galileo si accresceva sempre più in conseguenza di tale polemica, cercarono di far proibire l'opera a causa di una certa citazione della Bibbia, ma non ci riuscirono. Anche senza l'interesse della circostanza, *Il Saggiatore* conserva un fascino particolare, poiché si riconosce nel suo autore il pensiero profondo, il grande scrittore e l'uomo di spirito. Il libro è pieno di una quantità di osservazioni fisiche del più alto interesse; contiene dottrine filosofiche che sono state attribuite più tardi a Cartesio e che appartengono a Galileo. Ci limiteremo a citare qui il principio così celebre nel cartesianesimo, che le quantità sensibili non risiedono nei corpi, ma sono in noi.

La stampa del *Saggiatore* era stata ritardata da diverse circostanze e, quando nel 1623 fu infine sul punto di apparire, i cardinali avevano appena eletto a pontefice il cardinale Barberini, che prese il nome di Urbano VIII. Tre anni prima, il cardinal Barberini aveva composto un poema latino in onore di Galileo, di cui si era sempre dimostrato amico.[22]

Approfittando della sua elezione, i Lincei gli dedicarono *Il Saggiatore* e Galileo si affrettò a recarsi a Roma per felicitarsi con il nuovo capo della cristianità, il quale lo ricevette cortesemente, gli fece dei regali e promise a suo figlio una pensione che si fece attendere a lungo. Allorché Galileo ritornò a Firenze, il papa gli consegnò un breve indirizzato al granduca che conteneva grandi elogi per il sapere e la pietà del filosofo toscano. Ma questo viaggio aveva per Galileo anche un altro scopo. Benché ridotto al silenzio mediante la condanna del libro di Copernico, non aveva mai smesso di sostenere il moto della Terra, e da lungo tempo preparava un'opera su questo tema. L'elezione di Barberini lo riempiva di speranza; durante il soggiorno a Roma aveva più volte abbordato il problema e si era sforzato di far riconoscere che il moto della Terra non era un'eresia. Ottenne delle speranze, ma niente di più. Di ritorno a Firenze, si applicò principalmente a terminare l'opera nella quale voleva esprimere le sue idee su questo problema.

Per conservare la favorevole disposizione del papa e allo scopo di conciliarsi la benevolenza dei cardinali, fece altri due viaggi a Roma, nel 1628 e nel 1630. Nell'ultimo, presentò alla censura il manoscritto del suo *Dialogo sopra i due massimi sistemi del mondo*; tale era il titolo dell'opera che aveva portato a termine e che, come d'ordinario, sarebbe stata stampata a Roma a cura dei Lincei, se la morte del principe Cesi, allora avvenuta, non fosse stato il segno della dissoluzione di quella illustre società. Il manoscritto fu esaminato a più riprese dai Maestri del sacro palazzo e da diversi censori che corressero il testo in diversi punti; e pare che lo stesso papa lo abbia letto e corretto. Infine, l'opera fu approvata e se ne permise la stampa. Ma dopo la morte di Cesi, era sopravvenuto un altro ostacolo ben più grande: il papa aveva fatto stabilire dei cordoni sanitari alle frontiere dei suoi stati a causa della malattia contagiosa che regnava allora in Toscana,[23] e Galileo, non potendo scendere a Roma per sorvegliare la stampa della sua

---

22. Si tratta dell'*Adulatio perniciosa*, contenuta nei *Poemata* di Urbano VIII, pubblicati ad Anversa nel 1634.
23. Si tratta della peste descritta dal Manzoni.

opera, ottenne l'autorizzazione di farla stampare a Firenze, dove apparve nel 1632, dopo essere stata di nuovo approvata da diversi censori e dall'inquisitore generale di Firenze.

Si vide in questa occasione ciò che si è sovente ripetuto in seguito: dei censori ignoranti, incaricati di esaminare un libro superiore alle capacità della loro intelligenza, lo approvano senza rendersi conto di quanto fosse funesto per le idee che volevano sostenere. Gli interlocutori di questo dialogo, diviso in quattro giornate, erano due amici di Galileo, Sagredo e Salviati, di cui piangeva la perdita, e un peripatetico chiamato Simplicio. Tutti gli argomenti in favore del moto della Terra vengono proposti da Salviati e Sagredo, e combattuti da Simplicio. I primi due ragionano a meraviglia e sembrano sempre sul punto di abbattere il loro debole avversario. Tuttavia, malgrado la loro superiorità incontestabile, finiscono per cedere. Questo risultato, che meraviglia il lettore, gli fa sentire un potere occulto e irresistibile che comanda anche alla logica e al ragionamento. Vi è in tutto questo molta arte e finezza; quindi non bisogna meravigliarsi se i censori ci cascarono. Ciò che sembrava soprattutto averli convinti a dare la loro approvazione è l'avvertimento al lettore che comincia nel modo seguente:

> Al discreto lettore:
> Si promulgò a gli anni passati in Roma un salutifero editto, che, per ovviare a' pericolosi scandoli dell'età presente, imponeva opportuno silenzio all'opinione Pittagorica della mobilità della Terra. Non mancò chi temerariamente asserí, quel decreto essere stato parto non di giudizioso esame, ma di passione troppo poco informata, e si udirono querele che consultori totalmente inesperti delle osservazioni astronomiche non dovevano con proibizione repentina tarpar l'ale a gl'intelletti speculativi. Non poté tacer il mio zelo in udir la temerità di sí fatti lamenti. Giudicai, come pienamente instruto di quella prudentissima determinazione, comparir publicamente nel teatro del mondo, come testimonio di sincera verità. Mi trovai allora presente in Roma; ebbi non solo udienze, ma ancora applausi de i piú eminenti prelati di quella Corte; né senza qualche mia antecedente informazione seguí poi la publicazione di quel decreto. Per tanto è mio consiglio nella presente fatica

mostrare alle nazioni forestiere, che di questa materia se ne sa tanto in Italia, e particolarmente in Roma, quanto possa mai averne imaginato la diligenza oltramontana; e raccogliendo insieme tutte le speculazioni proprie intorno al sistema copernicano, far sapere che precedette la notizia di tutte alla censura romana, e che escono da questo clima non solo i dogmi per la salute dell'anima, ma ancora gl'ingegnosi trovati per delizie degl'ingegni.

I *Dialoghi* non contengono solo un esame dei due sistemi astronomici di Copernico e di Tolomeo: vi si pongono le basi della dinamica, vi si tratta di una quantità di fenomeni che Galileo aveva osservato per primo, da cui ricavava nuove conseguenze. È una critica vittoriosa di tutti gli antichi sistemi di filosofia naturale. Pertanto, non bisogna meravigliarsi dell'immenso clamore che tale opera produsse né della collera dei peripatetici. Gli uomini più illustri di quell'epoca si affrettarono a felicitarsi con Galileo a proposito del *Dialogo* che suscitò tante discussioni e contro il quale i partigiani delle antiche dottrine pubblicarono un gran numero di scritti. Gli elogi, le discussioni che erano un ulteriore successo, irritarono viepiù i monaci che non tardarono a far comprendere alla corte di Roma il danno prodotto dal libro. Ma, invece di riconoscere l'errore e di lasciare agli astronomi il compito di decidere un punto sul quale erano i soli competenti, si continuò sulla falsa strada. Ostinandosi a far intervenire la religione e a dichiarare contrario al testo dei libri santi un sistema inattaccabile, si compromise la dignità della religione stessa, ridotta a sostegno dell'errore. Fino ad allora non vi era stato che del ridicolo in questo affare; ma da quel momento ebbe inizio una persecuzione odiosa che coprì d'ignominia la corte di Roma, il ricordo della quale dovrà essere sempre presente allo spirito di coloro che pretendono di incatenare il genio e imbavagliare la verità.

Prima di procedere direttamente contro l'autore del *Dialogo*, il papa, al quale era stato fatto credere che Galileo avesse voluto renderlo ridicolo sotto il nome di Simplicio, nominò una commissione composta unicamente da ardenti peripatetici, con il compito di esaminare accuratamente la questione. Chiamò presso di lui anche Chiaramonti, professore a Pisa, che aveva già scritto contro la nuova filosofia. Quando questa procedura si venne a sapere a Firenze, fece una viva impressione sullo spirito di Ferdinando II, che era affezionato a Galileo. Il principe diede a Niccolini, suo ambasciatore a Roma, l'ordine di prendere le difese dell'autore del *Dialogo* e si deve riconoscere che in tutta la vicenda Niccolini non cessò mai di operare con zelo e intelligenza in favore del filosofo toscano. Disgraziatamente l'ambasciatore non poté fare altro che pregare e supplicare, poiché il granduca, dell'età di ventidue anni, mancava della forza necessaria per far rispettare il suo diritto di protezione nei confronti dei suoi dipendenti e il suo ministro Cioli tradì le sue intenzioni. La questione prese presto un aspetto sfavorevole. Il papa si mostrava molto irritato contro Galileo e il granduca cercò invano di convincere il Santo Padre facendogli presente quanto sarebbe stato crudele infierire contro un vegliardo di settant'anni il cui solo delitto era di aver pubblicato un'opera approvata dall'Inquisizione.

Con brutalità inaudita, il papa volle che Galileo, di cui i medici attestavano lo stato di malattia, si mettesse immediatamente in strada nel cuore dell'inverno, esponendosi ai pericoli della malattia contagiosa[24] che spazzava allora la Toscana e ai disagi di una quarantena, per recarsi a Roma e comparire davanti al tribunale dell'Inquisizione. Galileo arrivò in questa città il 13 febbraio 1633 e prese alloggio presso l'ambasciatore di Toscana; ma nel mese di aprile fu costretto a consegnarsi alle prigioni dell'Inquisizione, dove rimase circa quindici giorni e dove subì un interrogatorio. Venne poi ricondotto presso l'ambasciatore dove gli fu notificato il mandato d'arresto che proscriveva il suo libro e condannava l'autore alla detenzione nelle prigioni del Sant'Uffizio, secondo la volontà del papa. Gli fu imposta l'abiura dei suoi errori e di promettere, vestito di una camicia e in ginocchio, di non parlare mai e di non scrivere del moto della Terra, che la sentenza condannava come opinione «falsa, assurda, formalmente eretica e contraria alle Scritture».

Questa condanna, che rivoltò tutti gli spiriti elevati e le cui conseguenze ricaddero su tutti quelli che avevano cooperato alla pubblicazione del *Dialogo*, fu pubblicata mediante ordinanza. Fu promulgata pubblicamente a Firenze nella chiesa di Santa Croce, davanti agli amici e ai discepoli

---

24. Si trattava infatti della peste bubbonica, portata in Italia dai lanzichenecchi.

di Galileo, convocati dall'inquisitore. Fu trasmessa solennemente a tutte le corti e ai corpi più illustri e, per una notevole singolarità, il celebre Giansenio, che presto sarebbe stato condannato a sua volta, fu incaricato di comunicarla all'Università di Lovanio. Un tale rigore ha fatto nascere un dubbio molto pesante sulla questione di sapere se, durante il processo, Galileo sia stato sottoposto a tortura. Alcuni sono stati più colpiti da certe concessioni fatte a Galileo, che dalla severità esercitata contro di lui. Il permesso di rimanere presso l'ambasciatore Niccolini, la pronta liberazione dalle prigioni del Sant'Uffizio, la permutazione della pena (poiché, invece di trattenerlo in prigione, fu relegato dapprima nel giardino di Trinità dei Monti e dopo gli fu permesso di andare a Siena presso l'arcivescovo Piccolomini, da cui partì per ritirarsi in una casa di campagna vicino a Firenze), sono cose che hanno indotto alcuni distinti studiosi a escludere ogni possibilità di tortura su un uomo specialmente protetto dal granduca di Toscana.

D'altra parte, gli studiosi che hanno avuto a loro disposizione la corrispondenza inedita di Galileo e che hanno potuto consultare i documenti originali, si sono dichiarati dell'opinione contraria. Il senatore Nelli soprattutto, che ha scritto una grande opera su Galileo, pensa che il filosofo sia stato torturato e la sua autorità è di gran peso nella questione.[25] Sarebbe impossibile riportare qui tutti gli argomenti che sono stati avanzati in favore dell'una o dell'altra ipotesi, tanto più che attualmente i documenti non ci sono e che, fin dall'inizio, il processo a Galileo è stato avvolto in un mistero impenetrabile. Dalla corrispondenza di Niccolini si sa che il papa aveva voluto che tutti i dispacci fossero scritti esclusivamente dalla mano dell'ambasciatore, al quale aveva ordinato, sotto pena di scomunica, di rivelare solo al granduca ciò che veniva a sapere sul processo. Niccolini dice anche che era stato imposto il silenzio a Galileo e che non solo questi non

---

25. Scrive il Nelli: «Quivi cadrebbe in acconcio di esaminare se il Galileo fosse stato sottoposto a tormenti, allor quando per ragione dell'esame gli convenne restare nelle carceri del S. Uffizio [...] bensì a tenore della sentenza, e abiura fatta dallo stesso Galileo [...] vi è gran luogo a dubitare, ch'egli fosse tormentato, leggendovisi: *Iudicavimus necesse esse venire ad rigorosum examen tui*. L'esame rigoroso, parlando col linguaggio degl'inumani Criminalisti, altro non significa, che il preteso reo è stato tormentato, perché confessi il suo delitto» [Nelli 1793, vol. II, p. 543].

voleva parlare degli interrogatori subiti, ma che si rifiutava anche di far
sapere se gli era stato imposto di tacere. Mai Galileo acconsentì a parlare
del processo. Una sola volta, esasperato dalle continue persecuzioni, scrisse: «Sarò costretto a lasciare la filosofia per diventare storico dell'Inquisizione!», ma si guardò bene dal realizzare questa minaccia. Napoleone
aveva fatto trasferire a Parigi i documenti originali del processo a Galileo e
voleva pubblicarli;[26] ma con la restaurazione il manoscritto, che si trovava
nell'ufficio dell'imperatore, fu smarrito o trafugato e non si è potuto ritrovare dopo; si sa solo da Delambre, che l'ha avuto tra le mani, che il verbale
era incompleto e non conteneva gli interrogatori.[27]

....

26. Scrive Sergio Pagano: «Nel febbraio 1810 l'imperatore emanò un editto di occupa-
zione degli archivi papali; in esso si prevedeva che tutta la documentazione in essi contenuta fosse inizialmente trasportata a Reims, ma la destinazione divenne in seguito Parigi.
Un primo convoglio, composto da enormi carri, sui quali erano state caricate 3239 ceste
di documenti tratti dagli archivi delle Congregazioni romane e dello stesso Archivio Segreto Vaticano, lasciò Roma diretto a Parigi nel febbraio dello stesso anno. Nell'aprile e
luglio 1810 si provvide al trasporto dell'archivio del Sant'Offizio […] In esse però non si
trovava il volume 1181, conosciuto all'epoca come il "codice del processo di Galileo", che
venne spedito in un apposito pacco all'imperatore o piuttosto al suo Ministro dei Culti, il
conte Bigot de Préameneu […]» [Pagano 2009, p. 11].
27. A proposito della vicenda degli atti del processo a Galileo, abbiamo un contributo
di Jean Baptiste Biot: «Trasferiti a Parigi nel 1798, con gli archivi romani come bottino
di guerra, non si erano più ritrovati quando questi furono restituiti nel 1814; e da allora
la corte pontificia non aveva mai smesso di reclamarli. Quando Rossi venne a Roma nel
1845, in missione diplomatica su incarico del governo di Luigi Filippo, gli venne rinnovata la richiesta. […] Poiché la pubblicazione testuale del processo si accodava con gli
interessi dell'autorità pontificia, essendo il mezzo più sicuro, se non l'unico, di combattere
il sospetto delle torture corporali che sarebbero state inflitte a Galileo, come lasciava-
no credere certe espressioni usate nella sentenza emessa contro di lui, e promulgata dal
Sant'Uffizio. Convenuto questo punto, Rossi portò effettivamente il testo del processo a
Roma l'anno seguente, e lo consegnò a papa Pio IX. […] L'8 luglio 1850, Sua Santità
ne fece dono alla biblioteca del Vaticano» [Biot 1858b, pp. 397-398]. Diverso il racconto
che ne fa Sergio Pagano: «[…] la vedova del duca di Blacas […] ebbe la sorte di rinvenire
tra le carte del defunto consorte il volume del processo di Galileo così a lungo nascosto.
Nel 1843 la vedova Blacas informò il nunzio apostolico a Vienna mons. Ludovico Altieri
dell'importante ritrovamento e senza ulteriori indugi inviò al prelato il volume in questione» [Pagano 2009, p. CCXXXIII].

Non vi è motivo di supporre che tutto questo mistero fosse destinato a nascondere al pubblico qualche fatto grave? E che cosa si poteva voler nascondere di un processo il cui risultato era stato proclamato dai nunzi papali e dagli inquisitori, da una estremità all'altra d'Europa, se non qualche atto di barbarie, qualche raffinata crudeltà? D'altronde si è esagerato in fatto di protezione del granduca. Se Ferdinando II avesse voluto proteggere efficacemente Galileo, avrebbe dovuto limitarsi a non consegnare a un tribunale straniero il grande filosofo, che era nato suo suddito. Lo stesso Cioli, che abbiamo già citato, e che dirigeva tutti gli affari della Toscana, scriveva a Niccolini che non bisognava più mantenere Galileo a spese del granduca.[28] L'ambasciatore rispondeva nobilmente che si accollava la spesa. Ma queste due lettere dicono abbastanza sull'atteggiamento dei Medici nei confronti di Galileo. Se non potevano rimanere indifferenti a una gloria che rifletteva su di loro, non hanno mai dimostrato di saper adeguatamente onorare l'illustre vegliardo, i cui lamenti sembravano talvolta disturbarli. Anche lasciando da parte le circostanze estranee al processo, nel testo della sentenza si trovano le più forti ragioni di credere che Galileo sia stato sottoposto a tortura. In un passo della sentenza si legge: «E parendo a noi che tu non avessi detto intieramente la verità circa la tua intenzione, giudicassimo esser necessario venir contro di te al rigoroso essame». Ora, non solo in tutte le opere specialistiche in materia di Inquisizione il "rigoroso esame" si traduce in "tortura", che non è mai chiamata diversamente, ma anche, dopo la procedura del Sant'Uffizio, sarebbe stato

---

28. Lettera del Cioli a Niccolini del 4 maggio 1633: «Grandissimo gusto ha ricevuto S.A. dall'avviso della liberazione del Sig.r Galileo: et mi pare di dover ricordare a V.E. che quando io le scrissi di riceverlo in casa, vi messi la dichiarazione del tempo di un mese, perché alle spese del restante del tempo bisognerà che vi pensi egli medesimo [...]». Risposta di Niccolini a Cioli del 15 maggio 1633: «Il Sig.r Galilei sta assai bene, ma la sua causa non riceve per ancora speditione. Se ne sta tuttavia sequestrato in questa casa, con qualche suo dispiacere per non poter far esercitio. E quanto a quel che V.S. Ill.ma mi soggiunge, che S.A. non intenda di far buone le spese che si fanno qui per lui passato il primo mese, posso replicar che io non sono per entrar seco in questa materia, mentre è mio hospite, e più tosto me l'addosserò io medesimo, che finalmente non passeranno 14 o 16 scudi il mese, compreso ogni cosa; di modo che quando stesse qui anche sei mesi, rispetto all'estate, importeranno poi da novanta o cento scudi fra lui et un servitore [...]».

impossibile per gli inquisitori non far subire la tortura a Galileo del quale non si conosceva "l'intenzione".

Possediamo un manoscritto originale di un processo dell'Inquisizione di Novara dell'anno 1705, e le deposizioni dei testimoni e gli interrogatori, accompagnati dalla corrispondenza autografa degli inquisitori di Novara con la corte di Roma, riguardo a una donna che aveva sposato un'altra donna.[29] Il delitto era palese e l'accusata ammetteva tutto; tuttavia fu sottoposta a "rigoroso esame" dal momento che vi erano sospetti "sull'intenzione", poiché si voleva stabilire se la donna che aveva svolto il ruolo di marito, con l'aiuto di certi artifici che non possiamo qui descrivere, sapeva di commettere peccato sposando un'altra donna. Ecco che cosa si intendeva con "dubbio sull'intenzione". In mezzo alle torture l'infelice dichiarò sempre che sapeva di commettere peccato e così sfuggì al supplizio. Se fosse emerso che ignorava che un tale matrimonio era peccato, sarebbe stata considerata eretica e destinata alle fiamme. Nel processo di Novara non vi è possibilità di equivoco circa la tortura; nell'interrogatorio gli inquisitori hanno avuto anche cura di registrare le grida e i lamenti della vittima. Ecco il passaggio originale che registra la sofferenza della sfortunata: «Allora i suddetti signori (gli inquisitori), dopo aver ripetuto la precedente accusa, e insistendovi fermamente, ordinarono che [l'accusata] fosse alzata in alto; e mentre era sospesa cominciò a gridare e a dire: *Ahi, ahi! Mio Dio, ahi!*» La seduta termina con il racconto molto pacato delle cure che si fornivano alle persone che avevano subito la tortura: «E poiché non si potevano ricavare altre cose, i suddetti signori ordinarono che fosse fatta scendere dallo strumento del supplizio, che la si sciogliesse, che le si rimettessero in sesto le braccia, che fosse rivestita e ricondotta in prigione». Siamo convinti che se si possedessero interamente i verbali originali del processo di Galileo, vi si troverebbe un resoconto analogo. Non si deve dimenticare che nella

....

29. «Sommario del processo contro Antonia Maria Teresa Rizzi, che sotto il nome di Giovanni Antonio Chiesa, con abito virile, sposò in chiesa un'altra donna chiamata Maria Maddalena Minora. Nota del decreto della S. Congregazione del 2 luglio 1705 che stabilì che l'inquisita fosse torturata *super intentione* e fustigata, con l'abiura *de vehementi* e fosse condannata all'esilio perpetuo dalla diocesi». Archivio storico della Congregazione per la dottrina della fede, Soprintendenza archivistica per il Piemonte e la Valle d'Aosta, scheda 63.

sentenza dell'Inquisizione di Novara non si parla di tortura più che nella condanna di Galileo. Tutto ciò era così normale e ordinario nei processi dell'Inquisizione, che non valeva la pena di parlarne. Non si allude alla cosa se non in un passaggio comune alle due sentenze, dove si dice: «Che interrogato sull'intenzione, l'accusato ha risposto cattolicamente». Per levare ogni dubbio a questo riguardo, basta leggere il *Sacro Arsenale*, che è il codice di procedura dell'Inquisizione [Masini 1693].

In quest'opera, divenuta assolutamente introvabile in Italia, e di cui possediamo un'edizione fatta a Roma nel 1730, si trovano le prove di ciò che affermiamo, vale a dire che, secondo le loro terribili leggi, gli inquisitori sarebbero stati assolutamente reprensibili se, nella posizione in cui si trovava Galileo, non l'avessero sottoposto a tortura per conoscere la sua intenzione. Per caratterizzare quest'opera, in base alla quale è stato condannato una delle più grandi menti che abbiano onorato l'umanità, basti dire che vi si parla di persone che «tengono il diavolo negli anelli, negli specchi o nelle caraffe».[30] Del resto, questo fatto si incontra diverse volte nello stesso secolo. Senza ricordare Giordano Bruno e Dominis, ambedue filosofi e fisici, morti ambedue vittime dell'Inquisizione, basterà citare Oliva, fisico eminente e membro della celebre Accademia del Cimento, che, molto tempo dopo il processo di Galileo, fu condotto a Roma davanti all'Inquisizione e sottoposto a tormenti così orrendi che, per sottrarvisi, pose fine ai suoi giorni gettandosi da una finestra. Lo ripetiamo, gli inquisitori non avrebbero potuto, senza mancare ai loro crudeli doveri, evitare di sottomettere Galileo alla tortura e, invece di negarlo, l'hanno rivendicato nel loro linguaggio, dicendo che l'avevano sottoposto a un "esame rigoroso".

Il coraggio di Galileo non si smentì mai durante la terribile persecuzione e non appena arrivato a Siena, riprese il suo lavoro. Nei cinque mesi che rimase in questa città proseguì le ricerche sulla resistenza dei solidi, ma ciò che scrisse su questo tema è andato perduto. Si potrebbe credere che i suoi nemici si siano pacificati un poco quando, verso la fine dell'anno, ottenne dal papa il permesso di abitare, vicino a Firenze, in una casa

---

30. «Quelli, che tengono costretti (com'essi pretendono) Demonj in Anelli, Specchi, Medaglie, Ampolle, o in altre cose» [Masini 1693, p. 9].

di campagna che gli era stata assegnata come prigione: ma il rigore non tardò a ricomparire, poiché, avendo sollecitato l'autorizzazione a recarsi in città, o almeno la facoltà di ricevere degli amici, come risposta ricevette l'ingiunzione di astenersi in futuro da ogni richiesta, sotto pena di essere costretto a tornare a Roma nella vera prigione dell'Inquisizione. Questa risposta, che gli fu trasmessa dall'inquisitore il giorno stesso in cui i medici gli annunciavano che a una sua cara figlia, che l'aiutava a sopportare le sue disgrazie, non restavano che poche ore di vita, lo precipitò nella disperazione.[31] Da allora, benché indebolito dall'età, dai dolori e dalle infermità, consacrò ogni istante a comporre nuove opere, frutto delle sue meditazioni e quando, verso la fine del 1637, perse totalmente la vista, che si era progressivamente indebolita dopo la condanna, non cessò di dettare scritti ammirevoli e di formare discepoli quali Torricelli e Viviani che, eredi della sua gloria, proseguirono le sue scoperte.

Abbiamo detto che la corte di Spagna non aveva mai preso in esame il progetto relativo al problema della determinazione delle longitudini in mare. Dopo vent'anni di purgatorio, gli amici di Galileo decisero di proporre il metodo all'Olanda. Gli Stati generali nominarono una commissione per esaminare il progetto, ma le persecuzioni contro Galileo e la sua cecità fecero ancora fallire il negozio.

Bersaglio delle avversità, tutto gli crollava addosso. La sua famiglia subì una lunga serie di disgrazie; suo figlio, per il quale aveva compiuto grandi sacrifici, tenne una condotta sregolata. Quanto a lui, condannato a languire nella sua prigione solitaria di Arcetri, il granduca, che gli faceva visita, non osava permettere di rompere il cerchio tracciato dall'Inquisizione di Roma; fino a farsi richiedere più volte qualche bottiglia di vino necessaria alla salute dell'illustre vegliardo, e che gli aveva promesso. I monaci perseguitavano Galileo senza posa e non consentivano a nessun

---

31. Il 23 marzo del 1634 Galileo aveva inviato alla Sacra Congregazione, tramite l'ambasciatore Niccolini, una supplica in cui «[...] ricorre alla somma pietà dell'EEm.ze VV., supplicandole di concederli il ritorno libero alla casa sua, acciò possa curarsi, et vivere li giorni che gli restano, nell'età che si trova, con quiete, fra' suoi [...]». La risposta venne da Clemente Egidi, inquisitore di Firenze in termini perentori: «[...] la sua villa, nella quale abita, è così vicina alla città, che può facilmente chiamar medici e cerusici et haver medicamente opportuni, siché credo che non darà più fastidio alla Sac. Congregatione [...]».

costo la stampa di nessuno scritto; ovunque mandasse le sue opere, arrivava sempre un ordine da Roma che ne proibiva la stampa. Invano alcuni spiriti elevati di tutti paesi lottavano per lui; gli oppressori erano troppo potenti, non si poteva nulla contro di loro. Tra le voci che si levarono allora in favore della verità, la Francia può rivendicare le più illustri, le più coraggiose. Si correvano dei rischi anche in Francia a prendere le difese di Galileo, il cardinal Richelieu si era pronunciato contro il moto della Terra, e arrivò fino a farlo proscrivere alla Sorbona, e sappiamo che possedeva mezzi infallibili per ridurre al silenzio i suoi contradditori. Ciononostante Gassendi non ebbe paura ad adottare le dottrine del grande vecchio di Firenze. Mersenne tradusse i suoi scritti e li pubblicò dando le meritate lodi all'autore. Carcavy, che più tardi divenne bibliotecario di Luigi XIV, volle dare un'edizione delle sue opere. Diodati, avvocato al parlamento di Parigi e noto studioso, che viene talvolta confuso con Giovanni Diodati, autore di una traduzione della Bibbia che ha fatto molto discutere, non cessò mai di prendere pubblicamente le sue difese. Il conte di Noailles si fece carico di far stampare i *Discorsi e dimostrazioni matematiche sopra due nuove scienze,* opera immortale che giustifica pienamente il titolo, poiché vi si trovano per la prima volta i veri principi della scienza del moto e che poté essere pubblicata solo a condizione che l'autore dichiarasse di essere stato derubato del manoscritto. Ma tra gli amici di Galileo, nessuno si mostrò coraggioso quanto Peiresc.[32]

Questo celebre magistrato, animato da tanto zelo per il progresso della conoscenza umana, aveva costituito per ogni branca del sapere magnifiche collezioni, che in seguito andarono disperse o dimenticate. Era stato in Italia durante la giovinezza e si era fermato a Padova per ascoltare Galileo. Qui, vivendo in mezzo a uomini eruditi, Aleandro, Pignoria, Pinelli, era diventato uno degli ammiratori più ferventi del professore di matematiche.

Di ritorno in Francia, Peiresc intrattenne con tutti gli studiosi d'Europa una corrispondenza che divenne uno dei monumenti letterari più importanti del XVI secolo e che, a lungo trascurata, finirà forse per scom-

---

32. Peiresc nel 1599 intraprese un lungo viaggio in Italia nel corso del quale si fermò a Padova dove seguì le lezioni di Galileo e strinse amicizia con lui.

parire senza che si sia fatto uso dei tesori che racchiude. Allorché Peiresc seppe che il più illustre dei suoi amici, Galileo, era perseguitato, si rivolse al cardinal Barberini, che conosceva particolarmente, per pregarlo di ottenere dal papa che lasciasse almeno morire in pace l'autore di tante immortali scoperte.[33] Le sollecitazioni di un magistrato così rispettabile sia per i talenti che per il carattere, di un uomo pio e sinceramente attaccato alla religione cattolica, che si esprimeva con nobile franchezza, parrebbe che dovesse fare una viva impressione sullo spirito di Urbano VIII, che lo conosceva e aveva imparato a stimarlo; disgraziatamente non produssero alcun risultato: a malapena gli fu risposto. Vanamente Peiresc prediceva arditamente, con notevole ragione, che una tale persecuzione sarebbe stata una macchia per il pontificato di Urbano VIII, e che i posteri l'avrebbe assimilata alla condanna di Socrate. Al vecchio Galileo non venne tolto l'obbligo di passare i suoi ultimi giorni relegato in campagna, lontano da ogni consolazione, senza possibilità di ricevere gli amici o di scrivergli, avendo perfino paura di comunicare a chicchessia le sue scoperte, per evitare di cadere nelle insidie dell'Inquisizione. Nonostante ciò, né la cecità, né l'età avanzata, né i rigori del Sant'Uffizio, poterono impedirgli un solo istante di immergersi in profonde e fertili meditazioni, di indirizzare i suoi discepoli verso la ricerca della verità, di quella verità che, per testimonianza stessa dei suoi nemici, predicava con irresistibile ascendente e di cui fu il martire. Dove si troverà un altro esempio, dacché mondo esiste, di un uomo piegato dal peso degli anni, vecchio, braccato dagli inquisitori e, nonostante questo, capace dei pubblicare i *Discorsi e dimostrazioni matematiche* di cui Lagrange ha detto che occorreva un genio straordinario per scriverli, che non si potranno mai ammirare a sufficienza?

Allorché, l'8 gennaio 1642, l'illustre vegliardo scese nella tomba, la sua gloria poteva sfidare la rabbia dei suoi nemici; poiché, nonostante si sarebbe voluto buttare il suo corpo nella fossa comune, secondo il volere di Roma, e che tutte le sue opere venissero distrutte, come si cercò di fare, l'opera del suo genio non poteva più perire; aveva creato la filosofia naturale, e gli uomini imparato da lui come si deve studiare la natura; infine, lasciava una

---

33. Nel 1625 Peiresc aveva fatto dono al legato papale Barberini di una preziosa opera d'arte bizantina, nota come *Avorio Barberini*, oggi conservata al Louvre.

scuola fiorente, costituita da allievi che idolatravano la sua memoria e imbevuti dei suoi precetti, che non avevano che da seguire le sue gloriose tracce per raggiungere la celebrità. Dalle ceneri di Galileo nacque presto quella società che si è resa immortale sotto il nome di Accademia del Cimento.

Le numerose difficoltà che presenta l'apprezzamento delle opere di Galileo sono accresciute ancora dalla perdita della maggior parte dei suoi scritti. Abbiamo visto che, più occupato a fare delle scoperte che dei libri da stampare, Galileo per lungo tempo si limitò a comunicarle ai suoi allievi e ai suoi amici, cosicché, diffondendosi così ovunque, furono spesso riprodotte da plagiari che tentavano di appropriarsene. Più tardi, quando infine pensò di riunire e pubblicare i suoi manoscritti, l'Inquisizione lo fermò e lo condannò al silenzio. Dopo la sua morte, allievi devoti vollero raccogliere le opere che aveva preparato e le lettere in cui aveva spesso esposto le sue scoperte più ingegnose; ma l'Inquisizione intervenne ancora in maniera odiosa e barbara. Renieri, a cui aveva affidato le osservazioni sui satelliti di Giove e che doveva tradurle in tavole, sul suo letto di morte vide le sue carte saccheggiate e disperse dai seguaci del Sant'Uffizio. Più tardi il nipote di Galileo, avendo preso i voti, bruciò, per scrupolo religioso, diversi manoscritti, fra i quali sembra certo si trovassero scritti inediti del filosofo toscano.[34]

Infine Viviani, che non cessò di mostrare un così vivo attaccamento alla memoria del maestro, dopo essersi dedicato per lunghi anni a raccogliere i manoscritti di Galileo allo scopo di farne un'edizione completa, fu costretto a nasconderli in un granaio per sottrarli alle ricerche attive dei religiosi, così potenti in Toscana al tempo di Cosimo III. Dopo la morte di Viviani, questi preziosi manoscritti, scoperti da un domestico, furono in gran parte venduti a un salumiere che li impiegò negli usi più ignobili. Un giorno alcuni studiosi fiorentini decisero di andare a pranzo all'osteria. Passando, per caso, davanti alla bottega di questo salumiere, entrarono

34. «Il Sig. Cosimo Galilei nipote ex filio del nostro Toscano Archimede, essendosi vestito Religioso tra i Padri della Missione, trovandosi in Roma circa l'anno 1671, prima di far ritorno al suo Convento di Napoli, stracciò, e bruciò una quantità di fogli [manoscritti], tra' quali è ignoto se vi fossero di Originali del suo avo, lo che fece forse per scrupolo, o forse per consiglio di qualche fanatico avverso al nome, e alla fama di sì gran filosofo» [Nelli 1793].

per acquistare delle salsicce. Il senatore Nelli, che era del gruppo, si accorse che la carta dentro la quale erano avvolte le salsicce era una lettera autografa di Galileo. Non disse nulla e, svignandosela con un pretesto dopo il pranzo, ritornò dal salumiere, comprò tutto ciò che restava dei manoscritti in bottega e non tardò a procurarsi ciò che ne rimaneva nel granaio. Più tardi aggiunse a questa raccolta i manoscritti di Viviani e di altri studiosi, che erano stati dispersi con imperdonabile incuria.[35]

Nelli ricavò da questi documenti, e soprattutto nella corrispondenza di Galileo che aveva ritrovato pressoché intera, gli elementi di una grande

35. «Accadde in Firenze nella primavera del 1750, che il dottor Giovanni Lami, bibliotecario della Riccardiana, andando, secondo il suo solito, con alcuni amici a desinare in campagna, cioè all'osteria del Ponte alle Mosse, passando di Mercato, suggerì al signor Giovan Battista Nelli, che era della comitiva, di comprare dal pizzicagnolo Cioci della mortadella, che aveva credito d'essere migliore di qualunque altra si trovasse in Firenze. Così fece il Nelli, e giunto all'osteria, nel distendere la mortadella su d'un piatto, s'avvide che il foglio nel quale il Cioci l'aveva rinvoltata, era una lettera di Galileo. La disunse alla meglio con una salvietta, la ripiegò e se la mise in tasca, senza dir nulla al Lami: e la sera, tornati in città, e licenziatosi da esso, volò alla bottega del Cioci, dal quale seppe che un servitore da lui non conosciuto, di tanto in tanto gli portava a vendere un fascio di simili scritture. Ricomprò egli tosto quelle che restavano in mano al Cioci, colla promessa che se altre gliene fossero capitate, le avrebbe serbate per lui, procurando in pari tempo di scoprire donde uscissero. Infatti pochi giorni appresso ne capitò un fascio maggiore, e il Nelli poté accertare che quei preziosi documenti uscivano da una "buca da grano" della casa cosiddetta dei Cartelloni, già appartenuta al Viviani e allora abitata dai pronipoti di lui, Carlo e Angelo Panzanini. Come quei documenti abbiano terminato con l'essere deposti nella buca da grano non è ben chiaro: il Targioni-Tozzetti afferma che il Viviani stesso ve li aveva celati; e il Libri, non sappiamo bene se sulla fede sola del Targioni-Tozzetti medesimo, o appoggiandosi sopra altri documenti, aggiunge che era stato costretto a farlo, per sottrarre quei preziosi manoscritti alle attive ricerche dei frati, tanto potenti in Toscana ai tempi di Cosimo III. Altri invece racconta che, alla morte dell'abate Iacopo Panzanini, seguìta nel 1737, i nipoti ed eredi di lui, Carlo e Angelo, lasciarono per qualche tempo negli armadi e scaffali, dove li aveva posti lo zio, i manoscritti galileiani; dipoi li tolsero per riporvi biancheria, livree e filati, buttandone una parte in una buca da grano della casa medesima. Aggiunge il Nelli che gli stessi fratelli Panzanini erano stati quelli che a spizzico avevano fatto vendere le carte preziose, delle quali erano pervenuti in possesso, al pizzicagnolo, e da essi poté egli acquistare quanto ne rimaneva, cioè ancora una gran quantità di manoscritti di Galileo, del Viviani, del Torricelli, del Borelli, insieme con gran numero di strumenti matematici, già appartenuti al Viviani; il tutto per il prezzo di ottantotto scudi» [Favaro 1890-1899].

biografia di Galileo in due volumi *in-quarto* che fu pubblicata nel 1793 e che avrebbe dovuto essere seguita da un volume di corrispondenza e di "prove". Disgraziatamente morì prima di aver potuto completare il lavoro e poiché dei rovesci di fortuna avevano colpito gli eredi, i manoscritti di Galileo furono confiscati, come anche l'opera ancora *in-folio*, e fu solo dopo più di vent'anni che, tolto il sequestro, l'opera di Nelli [*Vita e commercio letterario di Galileo Galilei*] fu data al pubblico. I manoscritti passarono allora in una biblioteca dove sono tuttora custoditi, senza che si pensi a pubblicarli. Suscita meraviglia che non si sia ancora pensato di fare un'edizione completa degli scritti che rimangono del più grande filosofo d'Italia, nella quale dovrebbero naturalmente essere compresi i lavori inediti delle sue più importanti discipline, depositari del suo pensiero. Una tale pubblicazione onorerebbe il paese che l'intraprenderà e sarebbe il più bel monumento che si possa elevare alle scienze.[36]

Queste reliquie non sono di poca importanza come si potrebbe pensare: la collezione manoscritta di cui parliamo è costituita da un gran numero di volumi, tra i quali le opere inedite abbondano; e si sa che uomini come Galileo, Torricelli e Viviani, consegnavano in tutti i loro scritti, nelle lettere e fino ai minimi frammenti, idee nuove e degne di essere diffuse. Non bisogna dimenticare, in Toscana, che si deve a Galileo una grande riparazione e che il miglior modo di protestare contro i suoi persecutori, di mostrarsi più avanzati dei Medici, e di rendere un degno omaggio alla gloria del pensatore a cui non furono capaci di risparmiare un'ingiusta persecuzione, è di conservare e di trasmettere ai posteri tutti i detriti, le minime reliquie di questo martire della scienza. Del resto, il rischio che si corre a nascondere e a far scoprire poco alla volta i manoscritti di Galileo, ci ha procurato di recente il piacere di ritrovare la corrispondenza di Galileo che Nelli aveva citato e che si credeva perduta per il pubblico. Era sepolta in una campagna toscana e ne abbiamo da poco fatto l'acquisto. Se qualche ostacolo imprevisto non verrà ancora a impedire il progetto, contiamo di pubblicarla per intero al seguito di una storia completa della

---

36. *L'edizione nazionale delle opere di Galileo* fu promossa con decreto regio del 20 febbraio 1887, e affidata ad Antonio Favaro, con l'assistenza di Isidoro del Lungo (accademico della Crusca) per la cura del testo e di Genocchi, Govi e Schiaparelli per la parte scientifica.

vita e delle opere di Galileo. Vi sono più di mille lettere inedite dei più illustri studiosi del XVII secolo; costituiscono, nell'insieme, una specie di storia scientifica dell'epoca. La vita privata di Galileo, le sue persecuzioni, le sue opere, si trovano spiegate e messe in una luce completamente nuova da questa corrispondenza. Qui vi è un monaco che si oppone al moto della Terra e che scrive a Galileo che l'opinione d'Ipernico (in luogo di Copernico) è contraria alle Scritture;[37] là vi è Maraffi, generale dei domenicani che, saputo che uno dei suoi monaci aveva pregato pubblicamente contro Galileo, scrive al filosofo toscano che ne è estremamente rattristato, perché, dice, «per mia disgrazia, partecipo a tutte le bestialità che fanno o che possono fare trenta o quarantamila frati.[38]

Nelle sue lettere Galileo ci racconta fatti del tutto sconosciuti. Ci mostra la figlia prediletta morente di dolore in seguito alla crudele sentenza dell'Inquisizione di cui aveva tanto vantato la pietà; ci fa conoscere la vera causa delle sue disgrazie, allorché ripete le parole del padre Gremberger [Grienberger, N.d.R.], matematico del collegio dei gesuiti a Roma, che diceva: «Se Galileo avesse saputo conservarsi l'affetto dei padri di questo collegio, godrebbe di tutta la sua gloria. Non avrebbe subito nessuna avversità, avrebbe potuto scrivere a suo piacimento su tutti i soggetti, e anche sul moto della Terra». Nello stesso tempo altri gesuiti proclamavano nelle loro opere che il moto della Terra era un'eresia più orribile e più pericolosa di tutto ciò che si può dire contro l'immortalità dell'anima e contro la creazione, e che non bisognava parlare di questo movimento, neppure per combatterlo!

La perdita di tante opere preziose che abbiamo ricordato sarebbe meno deprecabile, se gli amici e i discepoli di Galileo avessero scritto della sua vita in maniera esatta e completa; disgraziatamente non l'hanno fatto.

....

37. Niccolò Lorini a Galileo, 5 novembre 1612: «Ben è vero che, non per disputare, ma per non parere uno ceppo morto, sendo da altri cominciato il ragionamento, ho detto due parole per esser vivo, e detto, come dico, che quella opinione di quel'Ipernico, o come si chiami, apparisce che osti alla Divina Scrittura». E Galileo a Federico Cesi il 6 gennaio 1613: «È stato in Firenze un goffo dicitore, che si è rimesso a detestar la mobilità della Terra; ma questo buon huomo ha tanta pratica sopra l'autor di questa dottrina, che lo nomina l'Ipernico. Hor veda V.E. dove e da chi viene trabalzata la povera filosofia».
38. Lettera di Luigi Maraffi da Roma a Galileo il 10 gennaio 1615.

Il terrore ispirato dall'Inquisizione era così profondo allora, che nessuno osava scrivere esattamente la storia della vita e delle opere di Galileo. Alcune pagine scritte da un canonico di Firenze di nome Gherardini, che aveva ricevuto le confidenze di Galileo, sono tutto ciò che ci rimane di più autentico sul grande uomo [Gherardini 1780]. Ma Gherardini non era per niente colto e, scrivendo i suoi ricordi molto tempo dopo la morte del suo illustre amico, ha talvolta commesso degli errori; tuttavia queste memorie, pubblicate solo alla fine del secolo scorso, sono quelle che contengono più informazioni sulla vita di Galileo. Viviani, che compose per il principe Leopoldo de' Medici una nota biografica sul filosofo toscano, fu costretto a tacere sulla maggior parte dei fatti relativi alla sentenza dell'Inquisizione, e a rivolgere lodi a principi che si erano mostrati così pusillanimi e indifferenti al merito del grande uomo. Viviani fu ridotto a dichiarare che, se Galileo avesse mostrato qualche disposizione a sostenere il moto della Terra è perché, «essendosi alzato fino al cielo attraverso le sue mirabili scoperte, la Provvidenza eterna aveva permesso che si riunisse alla natura umana mediante i suoi errori».[39]

Si comprende il senso di questa frase in un tempo in cui l'Inquisizione era il terrore di tutti i pensatori: una biografia scritta sotto l'influenza di una tale paura non è quasi attendibile. Più tardi, è vero, sono stati pubblicati diversi scritti su Galileo, ma spesso sono solo analisi sommarie o esposizioni incomplete; le più importanti fra queste biografie, redatte sulla base di documenti inediti da uomini pressoché estranei alle scienze, sono prive di prove e si può temere di vedere spesso le idee dell'autore snaturate dall'interpretazione dello storico. Si sa generalmente che Galileo ha inventato il termometro, il compasso delle proporzioni e il microscopio; che, su vaghe indicazioni ha intuito e perfezionato il telescopio e che, armato di questo potente strumento che ha diretto per primo verso il cielo, ha

---

39. «Ma essendosi già il Sig.r Galileo per l'altre sue ammirabili speculazioni con immortal fama sin al cielo inalzato, e con tante novità acquistatosi tra gl'uomini del divino, permesse l'Eterna Providenza ch'ei dimostrasse l'umanità sua con l'errare, mentre nella discussione de' due sistemi si dimostrò più aderente all'ipotesi Copernicana, già dannata da S. Chiesa come repugnante alla Divina Scrittura. Fu perciò il Sig.r Galileo, dopo la publicazione de' suoi Dialogi, chiamato a Roma dalla Congregazione del S. Offizio [...]» [Viviani 1717].

scoperto i satelliti di Giove, le fasi di Venere, le macchie e la rotazione del Sole, le montagne e la librazione della Luna. Si sa anche che, dopo aver scoperto l'isocronismo delle oscillazioni del pendolo, applicò questa osservazione alla misura del tempo e alla musica, come ha applicato le osservazioni dei satelliti di Giove alla determinazione delle longitudini in mare; che ha posto le basi dell'idrostatica, creato la dinamica dando la teoria della caduta dei corpi e applicato il principio delle velocità virtuali al calcolo del rendimento delle macchine. Fatti riportati dai biografi e registrati in tutte le opere di storia letteraria. Ma si sa meno che Galileo si era occupato di tutte le branche della filosofia naturale, che aveva scritto dei trattati speciali sull'ottica, sull'urto dei corpi, sul magnetismo, sul movimento degli animali, e che, se queste opere sono perite, se ne ritrova la sostanza in altri scritti. Solo leggendo le opere che ci rimangono è possibile farsi un'idea della penetrazione del suo spirito e della sagacità con cui sapeva ricavare dai fenomeni più comuni delle singolari e inattese conseguenze. Affermando che il più bello dei libri è la natura e che solo osservandola si può essere certi di scoprire la verità, Galileo non trascurava nulla di ciò che cadeva sotto i suoi occhi. Un pezzo di legno abbandonato in un angolo dell'arsenale di Venezia, un grappolo d'uva che il sole faceva maturare in un campo, una lampada che il vento faceva oscillare, uno strumento mediante il quale un ragazzo scivolava lungo una corda [*Discorsi e dimostrazioni* 1638, I, pp. 58-59], gli fornivano ugualmente materia di utili e profonde meditazioni. Dobbiamo essergli grati di aver conservato nei suoi scritti, i risultati delle sue prime osservazioni, di aver mostrato da quale caso era stato inizialmente attirato, poiché non solo queste escursioni filosofiche interessano nel più alto grado e confortano lo spirito con la facilità, l'abbandono stesso che sembra presiedere alle più grandi scoperte, ma vi si possono attingere i più utili esempi del metodo seguito dagli inventori e della grande arte di osservare. È vero che, a parte la perfezione dello stile, le opere di Galileo, quando non le si legga con particolare attenzione, in un primo momento sembrano non offrire niente di straordinario, tanto appaiono semplici e chiare; ma è appunto in questo che queste opere sono ammirevoli, poiché composte in un'epoca in cui ammettevano le cause occulte, e si ragionava sempre *a priori*, si distinguono per una logica così semplice e per una così giusta applicazione dei principi del senso comune alla filosofia naturale, che si potrebbero credere uscite dalla penna di qualche illustre scienziato moderno invece che da quella di un uomo circondato dalle tenebre e obbligato a lottare senza posa contro errori vittoriosi. Solo se ci si riporta all'epoca in cui è vissuto e si confrontano gli scritti con quelli dei suoi avversari, si può comprendere come quella semplicità che le distingue fosse difficile allora, come queste verità, oggi diffuse, fossero allora nascoste e sublimi. D'altronde, molte delle osservazioni che ha affidato ai suoi scritti e che sono passate quasi inavvertite, sono servite più tardi, tra le mani di altri, come base di importanti teorie.

Benché Galileo considerasse le matematiche soprattutto come uno strumento adatto a misurare i fenomeni naturali e a ricercare le cause che li producono, tuttavia, anche come geometra si è collocato alla testa dei suoi contemporanei. Anche se si fosse limitato a determinare la traiettoria descritta da un corpo che non cade secondo la verticale, questa sola scoperta sarebbe stata sufficiente ad assicurargli l'immortalità. Ma Galileo aveva anche inventato il *calcolo degli indivisibili*, e quantunque non abbia mai pubblicato le sue ricerche su questo soggetto, è certo che abbiano preceduto quelle di Cavalieri, che è diventato così celebre per i suoi lavori sullo stesso tema. Le persecuzioni di cui Galileo fu vittima, non gli impedirono solo di portare a termine l'opera che da tempo preparava sugli indivisibili; aveva cominciato anche a occuparsi di calcolo delle probabilità: cercando di risolvere un problema che si riferisce alla partizione dei numeri, aveva distinto molto a proposito le *disposizioni* dalle *combinazioni* e si vede, dalle lettere, che si era a lungo occupato di una questione delicata e non ancora risolta, relativa alla maniera di contare gli errori in ragione geometrica o in proporzione aritmetica; questione che tocca nello stesso modo al calcolo delle probabilità e all'aritmetica politica [matematica attuariale, N.d.R].

Nelle matematiche applicate, nella fisica, Galileo ha prodotto una quantità di note ingegnose che si cercherebbe invano di enumerare. Qui, c'è un procedimento per determinare il peso dell'aria; là ricerche sul calore radiante che, dice, traversa l'aria senza riscaldarla e che è diverso dalla luce; più lontano delle considerazioni sulla velocità della luce, a proposito della quale non crede alla propagazione istantanea. Il suo metodo per misurare la coesione dei corpi, l'osservazione mediante la quale determina il rapporto delle vibrazioni, rendendole misurabili con l'aiuto delle intersezioni delle onde che si formano sulla superficie di un liquido, così come le sue idee sul magnetismo terrestre e sulla forza per la quale tutti i corpi agiscono gli uni sugli altri, sono ben degne di nota. Dopo aver scoperto questo fatto tanto importante per la formazione del nostro sistema planetario, che gli astri che lo costituiscono ruotano nello stesso senso in cui ruota il Sole sul suo asse – rotazione la cui scoperta dobbiamo a lui – aveva anche preso in considerazione il movimento che compie la Terra, accompagnata dalla Luna, attorno al Sole, come analogo a quello che compirebbe, intorno a un centro fisso, un pendolo di lunghezza variabile. Chissà dove sarebbe arrivato in fatto di conoscenze sul sistema del mondo, e come avrebbe arricchito ancora tutte le branche della fisica e della filosofia naturale se non fosse stato troncato il volo del suo genio? Quali idee ingegnose, quali germi fecondi sono stati distrutti insieme agli scritti di questo grande filosofo!

Malgrado gli sforzi di una persecuzione atroce, Galileo ci appare ancora come uno degli spiriti più vasti e più sublimi che siano mai scesi sulla terra. Grande astronomo e grande geometra, creatore della vera fisica e della meccanica, riformatore della filosofia naturale, fu nello stesso tempo uno dei più illustri scrittori d'Italia e costrinse i suoi avversari a riconoscere che poteva essere nello stesso tempo geometra e uomo di spirito. Poeta vivace e autore comico pieno di spirito e di pepe, compose, come più tardi Torricelli, commedie che a torto non sono mai state pubblicate. Eccelse nella teoria e nella pratica della musica e si distinse nell'arte del disegno. Fu il modello e il maestro dei sapienti del XVII secolo, dei Torricelli, dei Viviani, dei Redi, dei Magalotti, dei Rucellai, dei Marchetti che impararono da lui a far avanzare fianco a fianco e con ugual successo le scienze e le lettere, e che applicarono i loro precetti a tutte le branche delle umane conoscenze.

La filosofia scolastica non si è mai più riavuta dal colpo che le aveva inferto Galileo, e la Chiesa, che disgraziatamente si fece strumento dell'odio dei peripatetici, partecipò alla loro disfatta. Come si può, infatti, rivendicare l'infallibilità[40] dopo aver dichiarato «falsa, assurda, eretica e

----

40. In realtà il dogma fu proclamato da Pio IX nel 1870.

contraria alla Scrittura» una delle verità fondamentali della filosofia naturale, un fatto incontestabile e ormai riconosciuto da tutti gli scienziati? La persecuzione contro Galileo fu odiosa e crudele, più odiosa e più crudele che se si fosse fatta perire la vittima tra i tormenti, poiché la natura umana ha gli stessi diritti presso tutti gli individui e non ci sono privilegi in fatto di sofferenze fisiche. Galileo, nei tormenti, non meritava dunque più commiserazione che tante altre vittime dell'Inquisizione meno celebri: poiché non fu solo sul corpo di Galileo che ci si accanì, si volle spezzarne il morale, per impedirgli di fare altre scoperte e, chiudendolo in un cerchio di ferro, fu lasciato vecchio e isolato a consumarsi nell'angoscia di un uomo consapevole della propria forza e al quale è impedito di farne uso. Questa fatale vendetta che pesò tanto a lungo su Galileo, aveva per fine quello di renderlo muto; spaventò i suoi successori e ritardò il progresso della filosofia: ha privato l'umanità delle nuove verità che quello spirito sublime avrebbe potuto scoprire. Incatenare il genio, incutere paura ai pensatori, arrestare il progresso della filosofia, ecco ciò che tentarono di fare i persecutori di Galileo. Una macchia di cui non si laveranno mai.

François Arago

Galileo

Œvres completes de François Arago
Tomo III, 1855, pp. 240-297

Galileo Galilei, uno dei più grandi filosofi dei tempi moderni, nacque a Firenze il 18 febbraio 1564 (1)

(1) È stato insinuato che fosse figlio illegittimo, ma un esame attento dei registri conservati nella parrocchia dove vide la luce, ha dimostrato che l'asserzione è priva di fondamento.[1]

Il padre di Galileo, Vincenzo Galilei, era originario di Firenze e apparteneva a una famiglia nobile, ma senza fortuna. È in questa città che Galileo trascorse la prima giovinezza. Il bambino mostrò presto una grande predilezione per la meccanica; costruiva con le sue mani dei modelli di ogni sorta di macchina. Suo padre lo destinò dapprima al commercio; tuttavia gli fece studiare il latino e il greco. I rapidi progressi del giovane Galileo nei primi studi, la grande abilità che mise in evidenza occupandosi nello stesso tempo delle arti del disegno e della musica, mutarono le idee dei genitori; e decisero che sarebbe diventato medico e, con questo intento, lo

1. Arago ricava la notizia della nascita illegittima di Galileo dall'articolo scritto da D'Alembert per l'*Encyclopédie* [vol. I, voce «Astronomie», p. 790]: «Ce grand homme était fils naturel d'un patricien de Florence [...]». L'origine prima dell'insinuazione è in una raccolta di vite di uomini illustri che venne pubblicata da Gian Vittorio de' Rossi (1577-1647) – noto anche come Giano Nicio Eritreo – lo stesso anno della morte di Galileo: «Inter eos, qui bene atque præclare, virtute ingenii, maximarumque rerum scientia, nostra memoria, de Florentinæ civitatis nomine ac dignitate meruerunt, primum sine dubio locum ac numerum obtinet Galilæus Galilæus Florentiæ nobili ad vetere prosapia, non tamen legitimo toro, natus.» [Iani Nicii Erithræi, *Pinacotheca virorum illustrium*, Coloniæ, 1642, p. 279.]

mandarono a Pisa all'età di diciassette anni, per seguire il corso dell'università, nella quale quasi tutti i professori erano peripatetici.

Il suo spirito di osservazione si risvegliò, dicono, un giorno che, in chiesa, vide una lampada, sospesa alla volta, le oscillazioni della quale gli parvero della stessa durata, sia che fossero piccole o che avessero grande ampiezza. Coloro che hanno visto in questa osservazione, vera o immaginaria, di Galileo, l'origine delle scoperte che fece più avanti Huygens sul pendolo, pretendono che il giovane osservatore si sia servito dei battiti del suo polso per verificare l'uguaglianza della durata delle oscillazioni di diversa ampiezza. Si sa, del resto, che rigorosamente parlando, tale uguaglianza non esiste.(2)

(2) *Nei* Dialoghi, *scritti e pubblicati molti anni dopo, Salviati, uno dei tre interlocutori, si esprime così: «Dico che se noi rimoveremo il pendolo dal perpendicolo uno, due o tre gradi solamente, o pure lo rimuoveremo 70, 80, ed anco sino a una quarta intera, lasciato in sua libertà farà nell'uno e nell'altro caso le sue vibrazioni con la medesima frequenza tanto le prime, dove ha da muoversi per un arco di 4 o 6 gradi, quanto le seconde, dove ha da passare archi di 160 o più gradi: il che più manifestamente si vedrà con sospender due pesi eguali da due fili egualmente lunghi, rimovendone poi dal perpendicolo uno per piccola distanza e l'altro per grandissima, li quali, posti in libertà, andranno e torneranno sotto gl'istessi tempi, quello per archi assai piccoli, e questo per grandissimi». Questo mezzo sperimentale dev'essere stato molto esatto se, nello stato di riposo e visti dalla posizione dell'osservatore, proiettandosi i due pendoli l'uno sull'altro, aveva potuto giudicare dei loro arrivi simultanei o non sulla verticale, come se il moderno metodo delle coincidenze avesse sostituito l'esame vago di cui si parla nel passo riportato. Ma allora, si deve dire, Galileo si sarà accorto che l'isocronismo delle grandi e delle piccole oscillazioni circolari non esiste per niente, e non avrebbe dotato i movimenti di quelle specie di proprietà che non hanno nella realtà, come Huygens ha dimostrato, che nel caso in cui il filo di sospensione non conservi la stessa lunghezza durante tutta la durata delle oscillazioni e si arrotoli su archi cicloidali.*

L'attitudine di Galileo per le matematiche si rivelò molto presto. Diventò maestro e in pochissimo tempo, delle verità contenute nelle opere di Euclide e di Archimede. Ciò che si racconta a questo proposito delle lezioni impartite ai paggi del granduca dal professore Ostilio Ricci e ascoltate dietro la porta della sala in cui Galileo non aveva il permesso di entrare, potrebbe essere solo una leggenda inventata per compiacere l'epoca in cui la reputazione del filosofo toscano si era sparsa nel mondo intero. Sembrerebbe, comunque, che uno spirito tanto perspicace non avrebbe avuto bisogno del soccorso del professor Ricci per comprendere la geometria di Euclide.

Privo delle risorse finanziarie sufficienti, Galileo fu costretto a lasciare l'Università di Pisa, dove, per la protezione del marchese Del Monte, ritornò qualche tempo dopo, nel 1589, all'età di venticinque anni, come professore di matematica con lo stipendio di 60 scudi, circa un franco al giorno. Le lezioni che redasse allora ad uso degli studenti sono andate perdute. Si sa solamente che l'autore vi combatteva Aristotele su diversi punti. Gli storici di Galileo guardano a questo fatto come a una grande audacia, ma dovrebbero ricordare che studiosi venuti prima dell'immortale matematico di Firenze, si erano presi la stessa libertà, e che Tycho, fra gli altri, combatté con il ragionamento e l'osservazione quasi tutto ciò che la scuola peripatetica presentava di errato in materia di astronomia.

È all'epoca del suo primo insegnamento a Pisa che si fanno risalire le ricerche di Galileo sulla caduta dei gravi e la scoperta delle leggi secondo le quali il peso si esercita su tutti i corpi. A questo proposito si citano i risultati raggiunti, anteriormente dal veneziano Benedetti anteriormente; (3) quello, tra gli altri, secondo il quale «nel vuoto tutti i corpi devono cadere con la stessa velocità».

(3) Moleto, predecessore di Galileo a Padova, aveva già stabilito, contrariamente all'opinione di Aristotele, che corpi della stessa materia e di peso diverso, sotto l'azione del peso, si muovono con la stessa velocità.[2]

Ma come si è potuto dimenticare di far osservare che questa opinione, che ai tempi di Benedetti non era che un'opinione, era già stata stabilita nei versi di Lucrezio di cui riportiamo la conclusione? «Così tutti i corpi,

....

2. «Nel 1590, essendo professore a Pisa, compose alcuni dialoghi sul moto contro Aristotile, nei quali dimostrò 1) che i mobili omogenei, diversi fra loro di mole, e però di peso, non cadono in tempi proporzionali al loro peso; 2) che l'aria non dà impulso al mobile violento ecc. E già prima di Lui così aveva scritto il Moleto suo antecessore a Padova, in alcuni dialoghi intorno alla Meccanica, i quali si trovano manoscritti nell'Ambrosiana» [Venturi 1818-1821, vol. I, p. 8].

quantunque ineguali di peso, devono marciare con la stessa velocità attraverso il vuoto, e gli atomi più pesanti non potrebbero mai cadere sui più leggeri che li precedono».[3] Galileo conferma, si dice, i risultati delle sue brillanti speculazioni mediante esperienze compiute sulla torre pendente di Pisa.

In seguito a un rapporto su una cattiva macchina per dragare, inventata da Giovanni de' Medici, figlio naturale di Cosimo I, e nel quale diede prova della più nobile indipendenza, Galileo si trovò nella condizione di essere cacciato da Pisa. Cedette alla burrasca e ottenne dalla repubblica di Venezia, sempre tramite la protezione del marchese Del Monte, il posto di professore di matematica all'Università di Padova.

Gli autori italiani elogiano senza limiti il suo insegnamento di Padova. Sia consentito di credere che abbiano ceduto al giusto entusiasmo che le ulteriori scoperte di Galileo hanno ispirato. All'epoca di cui parliamo, l'illustre filosofo non aveva ancora rotto tutti i legami che lo univano agli errori dell'antichità. Galileo, anticopernicano, professava il sistema di Tolomeo, se è vero che il *Trattato sulla sfera*, pubblicato col suo nome, nell'edizione di Padova, sia opera sua, poiché ciò è stato posto in dubbio.[4]

....

3. Il passo è tratto dal Libro II del *De rerum natura*: «Ma, se per caso qualcuno crede che i corpi più pesanti, / più celermente movendosi in linea retta per il vuoto, / cadano dall'alto sui più leggeri e così producano urti / capaci di provocare movimenti generatori, / forviato si discosta lontano dalla verità. / Difatti tutte le cose che cadono per le acque e l'aria sottile, / esse, sì, bisogna che accelerino le cadute in proporzione dei pesi, / perché il corpo dell'acqua e la tenue natura dell'aria / non possono egualmente ritardare ogni cosa, / ma più celermente cedono se son vinti da cose più pesanti. / Per contrario, da nessuna parte e in nessun tempo / lo spazio vuoto può sussistere quale base sotto alcuna cosa, / senza continuare a cedere, come esige la sua natura: / perciò attraverso l'inerte vuoto tutte le cose devono muoversi / con eguale velocità, quantunque siano di pesi non eguali».
4. Il *Trattato* fu pubblicato a Roma nel 1656 dal gesuita Buonardo Savi (pseudonimo di Urbano Daviso) con il titolo *Trattato della sfera di Galileo Galilei, con alcune prattiche intorno a quella*. Sull'attendibilità dell'attribuzione, Nelli non ha dubbi: «Il *Trattato della sfera* fu inserito nella collezione delle *Opere del Galileo* di Padova, pubblicata nel 1744. È da avvertirsi che il Collettore premesse al medesimo un avvertimento, nel quale rileva, che questo trattato "non contiene" in vero "le cose peregrine, che si trovano nelle altre Opere di Galileo", e soggiunge, che non debbe face specie, se il Galileo nel medesimo segue la Dottrina Aristotelica, e Tolemaica circa il sistema del Mondo, perché avendolo composto in gioventù, non aveva per anco fatte le scoperte Celesti, né avanzate le sue profonde

Mœstlin, il famoso maestro di Keplero, il quale, pur professando l'immobilità della Terra come dipendente di una università, era di opinione completamente opposta, si vantava di aver convertito Galileo alle sue idee copernicane.(4)

(4) Ciò risulta da una pubblicazione di Gerard Vossius, che non cita alcuna fonte. L'affermazione è stata giudicata poco degna di fede.[5]

Nell'edizione delle *Opere di Galileo* pubblicata a Padova, si è conservato il frammento di una lezione tenuta nel 1604 sulla *stella nova* di quell'anno, nel quale si trovano enunciate, come articoli di fede, le opinioni più strane. Vi si dice, in effetti:

> Si potrebbe credere che la stella si sia formata a causa dell'incontro di Giove e Marte, e questo a maggior ragione in quanto appare che la sua formazione abbia avuto luogo circa nello stesso luogo in cui i pianeti sono stati in congiunzione e nello stesso tempo.[6]

Queste citazioni, lo prevedo, dispiaceranno a certi biografi e diverranno pretesto di violente recriminazioni, ma non so che farci. Il mio amore per la verità mi impone di ispirarmi alla massima: *Fa' ciò che devi, avvenga ciò che può.*

È all'epoca del primo professorato a Padova che certi storici fanno risalire l'invenzione del termometro che attribuiscono a Galileo. Questo punto della scienza disgraziatamente non può essere chiarito da docu-

---

meditazioni in questo genere. Noi però con buona pace del Collettore, non ammettiamo questo suo asserto, poiché in seguito si rileverà, che fino dalla prima sua Gioventù il Fiorentino Filosofo manifestò al Kepplero, che aveva adottato il sistema copernicano. Ogni ragion vuole dunque, che si opini, che il *Trattato della sfera*, di cui parla il Viviani nell'*Elogio del Galileo*, fosse differente da quello messo alle stampe dal Padre Gesuato Urbano Daviso» [Nelli 1793, vol. I, pp. 59-69].

5. Non risulta da una pubblicazione di Vossius bensì da Johann Friedrich Weidler, *Historia astronomiæ sive de ortu et progressu astronomiæ*, Sumtibus G.H. Schwartzii, Vitembergæ 1741, cap. 14, CIV.

6. «[...] ex quo non immerito crederet quispiam, eam ex Iovis ac Martis congressu fuisse prognatam; idque tum præterea maxime, quia et loco eodem fere, eodemque coniunctionis prædictorum planetarum tempore, genitam esse apparet [...]» [Toaldo 1744].

menti scritti, perché non se ne parla nelle opere di Galileo. Ciò che è sicuro è che il compasso delle proporzioni, invenzione così utile ai disegnatori, nacque nello stesso periodo da questa grande intelligenza.

Galileo era ancora professore a Padova, quando nel 1609, si sparse la notizia che in Olanda avevano inventato uno strumento che aveva la proprietà di far vedere gli oggetti lontani come se fossero vicini. Galileo lo riprodusse, lo volse verso il cielo, e fece delle scoperte che ricorderemo tra poco e di cui la scienza non perderà mai il ricordo. Persone incompetenti hanno presentato le sue scoperte come il frutto di un ardore senza pari, e si sono meravigliate della rapidità con la quale si sono succedute. Senza pretendere di diminuire i giusti sentimenti di sorpresa e di ammirazione che hanno suscitato, diciamo, per rimanere nei limiti della verità, che tale rapidità non ha nulla di stupefacente: possono bastare poche ore per le osservazioni che Galileo fece negli anni 1610 e 1611. Il senato di Venezia, convinto che con le risorse offerte dal nuovo strumento, le sue navi avrebbero potuto evitare o sorprendere il nemico, decise, come testimonianza di riconoscenza verso Galileo, che secondo regolamento era stato assunto solo temporaneamente, che avrebbe conservato la cattedra a Padova a vita, con uno stipendio di mille fiorini.

Questa volta, il granduca di Toscana non fu meno generoso nei confronti di colui che veniva celebrato come inventore del cannocchiale. Il 10 luglio 1610, Galileo venne nominato primo matematico e filosofo del granduca. Sedotto da queste offerte, ebbe la fatale idea di abbandonare Padova dove godeva di grande libertà di pensiero, per rientrare nel suo paese natale che era sotto il dominio, pressoché senza limiti, del clero.

Gli studiosi della nostra epoca non vedranno forse senza sorpresa, nel diploma granducale del 1610, in seguito al quale Galileo si decise a lasciare Venezia e a ritornare a Firenze, qualche espressione che appariranno loro come offensive della dignità di un uomo di lettere; per esempio, quelle nelle quali il granduca cita nell'elenco dei titoli che si impegna a conferire a Galileo come nuovi favori, il *vassallaggio* e la *servitù* di cui la filosofia, dice il diploma, aveva sempre fatto professione (Venturi, tomo I, pag. 158).[7]

....

7. «L'eminenza della vostra dottrina e della valorosa vostra sufficienza, accompagnata da singolar bontà nelle matematiche e nella filosofia, e l'ossequentissima *affezione vassallaggio e*

Dobbiamo dire che Galileo si lamentava del tempo che gli facevano perdere le lezioni di Padova, e nella sua lettera al granduca, prima di rientrare a Firenze, le supplicava implicitamente di fargli avere un po' di tranquillità, in modo da poter lavorare al compimento delle opere iniziate.

Poco tempo dopo il suo arrivo a Firenze, si recò a Roma per mostrare a personaggi eminenti, che ne avevano manifestato il desiderio, le rimarchevoli novità che aveva osservato nel cielo. Un viaggio che aggiunse molto all'aureola di gloria da cui il filosofo toscano era stato giustamente avvolto, ma l'invidia cominciò da quei giorni a operare sordamente contro di lui.

Poco tempo dopo il suo ritorno in Toscana e prima dell'anno 1612, Galileo inventò, si dice, il microscopio. Per stabilire il fatto, si cita il passaggio seguente di un'opera, pubblicata a Venezia nel 1612, intitolata *Ragguagli di Parnaso di Trajano Boccalini*.

> Ma mirabilissimi sono quegli Occhiali fabbricati con materiale tale, che altrui fanno parer le pulci elefanti, i pigmei giganti, questi avidamente sono comperati da alcuni soggetti grandi, i quali ponendoli poi al naso de' loro sfortunati Cortigiani, tanto alterano la vista di quei miseri, che rimunerazione di cinquecento scudi di rendita stimano il vil favoruccio che dal Padrone venga loro posta la mano nella spalla, o l'esser da lui rimirati con un ghigno, ancorché artificioso, e fatto per forza.

Questo passaggio è solo una battuta di spirito dell'autore e non dimostra nulla di ciò che vi si è voluto trovare, cioè che il microscopio esistesse al tempo della pubblicazione dell'opera. Boccalini non aveva certamente visto nessun microscopio propriamente detto, dato che questi strumenti non si appoggiano sul naso.

Il microscopio che sarebbe servito a far vedere una pulce grande come un elefante, applicato all'osservazione di un pigmeo, ne avrebbe mostrato nel suo campo solo una parte insignificante, come l'immagine dei peli

servitù, che ci avete dimostrato sempre, ci hanno fatto desiderare di avervi appresso di noi, e voi a riscontro ci avete fatto sempre dire, che rimpatriandovi avreste avuto per soddisfazione e grazia grandissima di poter venire a servirsi del continuo, non solo di primario Matematico e Filosofo della nostra Persona [...]» [Venturi, 1818-1821, p. 158].

di un'altra parte insignificante del corpo. Boccalini, sapendo che i cannocchiali aumentavano le dimensioni apparenti degli oggetti lontani, a
pensato che potessero egualmente servire a ingrandire gli oggetti vicini,
si è abbandonato a delle fantasticherie da cui non si può ricavare niente,
poiché erano evidentemente fondate solo su delle analogie immaginarie e
non sull'osservazione di un fatto.

Fu circa in questo periodo che Galileo pubblicò la sua opera tanto
notevole sui corpi che galleggiano.[8] Si trova in questo trattato il principio
delle velocità virtuali, di cui i geometri, e tra questi soprattutto Lagrange,
hanno tratto grande partito. L'autore della *Meccanica analitica* si pronuncia
sull'invenzione di Galileo in termini così categorici, così positivi, da non
lasciare spazio al dubbio.[9]

Le lezioni nelle quali Galileo sosteneva il sistema di Copernico die-
dero luogo a una vivace polemica da parte dei peripatetici, partigiani del
sistema di Tolomeo e, cosa molto più pericolosa, da parte dei teologi che
pretendevano che la dottrina del canonico di Thorn fosse contraria alle
Sacre Scritture. Gli avversari di Galileo, ignoranti quanto superstiziosi,
non cessavano di ripetere la *Terra in æternum stat* della Scrittura, e il passaggio dove si dice che Giosuè comandò al Sole di fermarsi. In risposta ai suoi
nemici, Galileo scrisse, nel 1615, una lettera alla granduchessa Cristina di
Toscana, nella quale, prendendo la questione dal punto di vista teologico,
cercava di dimostrare che la Bibbia era stata fino ad allora mal interpre-
tata.[10] Questa pretesa di uno studioso che non faceva parte di un ordine
religioso, di spiegare le Sante Scritture, suscitò grande clamore a Roma, e
fu considerata come l'empietà più pericolosa nei confronti delle preroga-
tive ecclesiastiche.

Per cercare di schivare la tempesta, Galileo si recò una seconda volta
nella città eterna; ma trovò delle prevenzioni molto più vive di quanto avesse supposto. I preti, suoi antagonisti, avevano circonvenuto tutti i cardinali.
Le dimostrazioni sapienti e acute di Galileo ebbero alla fine come solo ri-

----

8. Galileo Galilei, *Discorso al Serenissimo Don Cosimo II, Gran Duca di Toscana, intorno alle cose,
che stanno in su l'acqua, o che in quella si muovono*, in Firenze, appresso Cosimo Giunti, 1612.
9. Si veda la nota 17 in *Galileo. La sua vita e le sue opere* di Guglielmo Libri.
10. Lettera a Madama Cristina di Lorena, granduchessa di Toscana del 1615 [Alberi e
Bianchi 1842-1856, vol. II, pp. 26-64].

sultato la pubblicazione di un decreto del Sant'Uffizio secondo il quale le opere di Copernico e di Foscarini, carmelitano, furono censurate e proibite. Quanto a lui, se sfuggì a una censura esplicita, è solo perché fino ad allora non aveva pubblicato nulla in favore del duplice moto della Terra.

L'Inquisizione aveva nei suoi decreti stabilito una differenza essenziale tra l'opera di Copernico e quella di Foscarini; quest'ultima veniva totalmente soppressa; mentre l'opera di Copernico doveva essere corretta. Fra le altre correzioni, si dovevano cancellare tutti i passi in cui la Terra viene chiamata *sidus* (astro). (5)

(5) La dissertazione del Foscarini è del 1615; è stata riportata nell'edizione delle opere di Galileo pubblicata a Milano nel 1811. Il monaco carmelitano napoletano cerca di conciliare il senso letterale di alcuni passi della Scrittura con il sistema di Copernico, facendo osservare che la Bibbia e la Genesi non sono opere di scienza e che per essere comprese era necessario conformarsi in apparenza alle idee e ai pregiudizi delle moltitudini. È così che gli astronomi nostri contemporanei dicono che il Sole sorge e tramonta, quantunque nessuno dubiti che questi due fenomeni sono dovuti alla rotazione della Terra sul suo asse. Tutto ciò era molto ragionevole; e tuttavia è lecito dubitare che la dissertazione del Foscarini, di cui non possiamo tacere la prolissità, avrebbe acquisito un così alto grado di celebrità se non fosse stato oggetto della severità degli inquisitori. È vero che l'autore si abbandona a diverse ricerche estranee al tema principale e relative al posto che si deve attribuire all'Empireo, alla questione se l'Inferno sia al centro della Terra; al rapporto che ci può essere tra i diversi bracci dei candelieri che si trovavano nel tempio e il vero sistema del mondo, ecc. Tutto ciò pieno di erudizione, ma oggi molto poco degno di interesse.

Il Saggiatore, che comparve nel 1623, è uno scritto di polemica scientifica pubblicato da Galileo, contro il padre Grassi, gesuita, nell'occasione delle tre comete del 1618.[11]
Nell'anno 1623 il cardinal Barberini fu eletto papa sotto il nome di Urbano VIII; Galileo che l'aveva conosciuto in passato, si recò a Roma per

11. Il Saggiatore, nel quale con bilancia esquisita e giusta si ponderano le cose contenute nella libra astronomica e filosofica di Lotario Sarsi Sigensano. Scritto in forma di lettera all'Illustrissimo e Reverendissimo Monsig. D. Virginio Cesarini, Accademico Linceo, Maestro di camera di N.S., dal Signor Galileo Galilei, accademico linceo, nobile fiorentino, filosofo e matematico primario del Serenissimo Gran Duca di Toscana, dagli Accademici Lincei dedicato alla Santità di papa Urbano Ottavo, Roma, 1623.

felicitarsi con lui. Il nuovo pontefice lo ricevette con grandi dimostrazioni d'interesse. Galileo approfittò di questo terzo viaggio per domandare il permesso di stampare i *Dialoghi*[12] nei quali tre interlocutori sotto i nomi di Salviati, Sagredo e Simplicio discutono le questioni copernicane che, a quel tempo, erano all'ordine del giorno. Il permesso fu accordato, e poi ritirato. Di ritorno a Firenze, dai rappresentanti dell'Inquisizione in quella città, che non aveva informato di ciò che era avvenuto a Roma, Galileo ottenne l'autorizzazione a pubblicare i suoi *Dialoghi*.

I censori fiorentini del Sant'Uffizio, accordarono il permesso desiderato, colpiti senza dubbio dall'avvertenza che l'autore aveva premesso all'opera e che è redatta nei seguenti termini:

> Si promulgò a gli anni passati in Roma un salutifero editto, che, per ovviare a' pericolosi scandoli dell'età presente, imponeva opportuno silenzio all'opinione Pittagorica della mobilità della Terra. Non mancò chi temerariamente asserì, quel decreto essere stato parto non di giudizioso esame, ma di passione troppo poco informata, e si udirono querele che consultori totalmente inesperti delle osservazioni astronomiche non dovevano con proibizione repentina tarpar l'ale a gl'intelletti speculativi. Non poté tacer il mio zelo in udir la temerità di sì fatti lamenti. Giudicai, come pienamente instrutto di quella prudentissima determinazione, comparir publicamente nel teatro del mondo, come testimonio di sincera verità. Mi trovai allora presente in Roma; ebbi non solo udienze, ma ancora applausi de i più eminenti prelati di quella Corte; né senza qualche mia antecedente informazione seguì poi la publicazione di quel decreto. Per tanto è mio consiglio nella presente fatica mostrare alle nazioni forestiere, che di questa materia se ne sa tanto in Italia, e particolarmente in Roma, quanto possa mai averne imaginato la diligenza oltramontana; e raccogliendo insieme tutte le speculazioni proprie intorno al sistema copernicano, far sapere che precedette la notizia di tutte alla censura romana, e che escono da questo clima non solo i dogmi per la salute dell'anima, ma ancora gl'ingegnosi trovati per delizie degl'ingegni. [Galilei 2003, pp. 165-167].

----

12. *Dialogo sopra i due massimi sistemi del mondo, tolemaico e copernicano*, Firenze 1632.

L'opera di Galileo fu ricevuta con applausi pressoché universali, cosa che portò al culmine l'irritazione dei nemici del gran filosofo. Lo denunciarono a Roma e Galileo, allora dell'età di settant'anni, malgrado lo stato assai precario della salute, malgrado una malattia contagiosa avesse costretto a stabilire un cordone sanitario alle frontiere della Toscana, fu costretto a recarsi nella capitale del mondo cristiano. Vi giunse il 13 febbraio 1633, e fu ricevuto da Niccolini, ambasciatore del granduca di Toscana. Ma nel mese di aprile fu costretto per qualche giorno nelle prigioni dell'Inquisizione, dopo di che gli fu consentito di rientrare dall'ambasciatore Niccolini; infine, la sentenza definitiva fu pronunciata il 20 giugno seguente.

Nella relazione originale del processo si trovano queste parole, che i giudici, in una fase dell'istruttoria, erano ricorsi a un "rigoroso esame". Un gran numero di persone ha dedotto da questa formula che Galileo fu sottoposto a tortura; per fortuna la veridicità di questa interpretazione non è provata, cosicché niente autorizza ad aggiungere questa feroce barbarie alla serie di atti ingiustificabili che connotarono questo scandaloso processo. (6)

(6) *Per sostenere l'opinione che Galileo sia stato sottoposto a tortura ci si è appoggiati al fatto che nel momento in cui lasciò Roma era affetto da un'ernia, di cui non si era mai lamentato, prima. Cito questo argomento per quel che vale, e senza confidargli una fede assoluta.*

La sentenza degli inquisitori prevedeva che l'autore dei *Dialoghi* fosse condannato alla detenzione nelle prigioni del Sant'Uffizio, a piacere del papa. Gli si dettò anche una formula di abiura che fu costretto a pronunciare in ginocchio e che era formulata nei termini seguenti che ho ricavato dalla *Storia dell'astronomia* di Delambre:

Io Galileo, fig.lo del q. Vinc.o Galileo di Fiorenza, dell'età mia d'anni 70, constituto personalmente in giudizio, e inginocchiato avanti di voi Emin.mi e Rev.mi Cardinali, in tutta la Republica Cristiana contro l'eretica pravità generali Inquisitori; avendo davanti gl'occhi miei li sacrosanti Vangeli, quali tocco con le proprie mani, giuro che sempre ho creduto, credo adesso, e con l'aiuto di Dio crederò per l'avvenire, tutto quello che tiene, predica e insegna la S.a Cattolica e Apostolica Chiesa. Ma perché da questo S. Off.o, per aver io, dopo d'essermi stato con precetto dall'istesso giuridicamente intimato che omninamente dovessi lasciar la falsa opinione che il Sole sia centro del mondo e che non si muova e che la Terra non sia centro del mondo e che si muova, e che non potessi tenere, difendere ne insegnare in qualsivoglia modo, né in voce né in scritto, la detta falsa dottrina, e dopo d'essermi notificato che detta dottrina è contraria alla Sacra Scrittura, scritto e dato alle stampe un libro nel quale tratto l'istessa dottrina già dannata e apporto ragioni con molta efficacia a favor di essa, senza apportar alcuna soluzione, sono stato giudicato veementemente sospetto d'eresia, cioè d'aver tenuto e creduto che il Sole sia centro del mondo e imobile e che la Terra non sia centro e che si muova; Pertanto volendo io levar dalla mente delle Eminenze V.re e d'ogni fedel Cristiano questa veemente sospizione, giustamente di me conceputa, con cuor sincero e fede non finta abiuro, maledico e detesto li sudetti errori ed eresie, e generalmente ogni e qualunque altro errore, eresia e setta contraria alla S.ta Chiesa; e giuro che per l'avvenire non dirò mai più ne asserirò, in voce o in scritto, cose tali per le quali si possa aver di me simil sospizione; ma se conoscerò alcun eretico o che sia sospetto d'eresia lo denonziarò a questo S. Offizio, o vero all'Inquisitore o Ordinario del luogo, dove mi trovarò. Giuro anco e prometto d'adempire e osservare intieramente tutte le penitenze che mi sono state o mi saranno da questo S. Off.o imposte; e contravenendo ad alcuna delle dette mie promesse e giuramenti, il che Dio non voglia, mi sottometto a tutte le pene e castighi che sono da' sacri canoni e altre constituzioni generali e particolari contro simili delinquenti imposte e promulgate. Così Dio m'aiuti e questi suoi santi Vangeli, che tocco con le proprie mani. Io Galileo Galilei sodetto ho abiurato, giurato, promesso e mi sono obligato come sopra; e in fede del vero, di mia propria mano ho sottoscritta la presente cedola di mia abiurazione e recitatala di parola in parola, in Roma, nel convento della Minerva, questo dì 22 giugno 1633. Io, Galileo Galilei ho abiurato come di sopra, mano propria. [Galilei 1953]

Si racconta che dopo l'abiura, Galileo, mentre si sollevava, abbia detto a mezza voce, battendo la terra col piede, «e pur si muove»; ma il fatto non è accertato, e sarebbe stata per l'illustre condannato un'imprudenza troppo grande perché si possa supporre che tali parole gli siano uscite di bocca. Tale, in breve, la storia dell'odioso processo che segnerà come una stimmata indelebile il tribunale nel nome del quale fu emessa la sentenza, e i giudici che vi apposero il proprio nome. (7)

(7) Ecco i nomi dei cardinali che hanno firmato la sentenza: d'Ascoli, Bentivoglio, Cremona, Sant'Onofrio, Gipsio, Verospio, Ginetto.

Non si conosce nulla di più degradante dell'obbligo imposto all'immortale vegliardo di spergiurare e di dichiarare nelle forme più rispettabili che riuscirono a trovare, che riteneva falsa una dottrina di cui suoi profondi studi gli avevano mostrato la verità. Non vi sono torture fisiche più crudeli della tortura morale inflitta a Galileo; nessuna persona onesta può smentirmi. Il ricordo di questi procedimenti barbari lascia appena la libertà di spirito di esaminare se il grande filosofo non avesse qualche rimprovero da farsi durante le diverse fasi di questo deplorevole processo. Qualunque cosa costi, prenderò in esame il modo in cui si è difeso.

Per spiegare come, nel suo *Dialogo*, gli argomenti in favore del moto della Terra siano presentati con maggior forza rispetto ai contrari, dice: «[…] scusandoti d'esser incorso in error tanto alieno, come dicesti, dalla tua intenzione, per aver scritto in dialogo, e per la natural compiacenza che ciascuno ha delle proprie sottigliezze e del mostrarsi più arguto del comune de gl'uomini in trovar, anco per le proposizioni false, ingegnosi e apparenti discorsi di probabilità […]».[13] «Per la più grande prova che non ho punto tenuto e non tengo per vera l'opinione sudetta del moto della Terra e della stabilità del Sole, sono pronto a farne la più grande dimostrazione».[14]

....

13. Sentenza di condanna del Sant'Uffizio, 22 giugno 1633.
14. Dichiarazione di Galileo al tribunale del 30 aprile 1633, riportata nel foglio 75 del verbale ritrovato da Delambre a Parigi nel 1821 e trasmesso a Giambatista Venturi: «Il mio errore dunque è stato, e debbo confessarlo, una pura ignoranza e una inavvertenza. Per maggior prova, che non ho tenuto e non tengo per vera la sopraddetta opinione del

Gli esaminatori dell'Inquisizione giudicarono che le sue risposte mancavano di sincerità e, questa volta, si può riconoscere che avevano ragione. Se non si dovesse lasciare grande spazio all'età, alle infermità e alla situazione nella quale era stato messo Galileo, saremmo veramente desolati di trovare nell'atto d'abiura che sottoscrisse, la promessa di denunciare al Sant'Uffizio, all'inquisitore o all'ordinario del luogo di residenza, tutti quelli che, a sua conoscenza, fossero sospetti di eresia.

Giordano Bruno, qualche anno prima, aveva mostrato molto maggiore fermezza, gridando davanti al rogo che lo avrebbe consumato: «La sentenza che mi avete letto, pronunciato nel nome di un Dio di misericordia, forse fa più paura a voi che a me». (8)

(8) Giordano Bruno aveva sostenuto nei suoi libri, che non contribuirono poco alla sua condanna da parte degli inquisitori, che ogni stella era un sole intorno al quale circolano pianeti simili alla Terra. Diffuse l'opinione che ci siano nel nostro sistema più pianeti che non vediamo e che, se non li vediamo, è a causa della loro eccessiva piccolezza e alla lontananza dalla Terra.

Alcuni scrittori francesi hanno fatto notare con grande soddisfazione che simili atti odiosi di una superstiziosa ignoranza non si sono verificati nel nostro Paese, ma li avverto che sarebbero in torto ad abbandonarsi a questo onorevole sentimento. I parlamenti e la Sorbona in diversi periodi hanno avuto giudici che, anche se non appartenevano all'Inquisizione, non erano meno fanatici e imbevuti di tutti i pregiudizi della loro epoca.

Ho tra le mani due esemplari di un'opera pubblicata nel 1634 da un uomo molto pio, il padre Mersenne, frate minimo, intitolata: *Le questioni teologiche, fisiche, morali e matematiche*.[15] In uno di questi esemplari si trova

movimento della Terra e della stabilità del Sole, sono pronto a farne, se mi viene accordato, una più grande dimostrazione. L'occasione attuale è la più favorevole; poiché nel libro già pubblicato gli Interlocutori sono d'accordo di trovarsi insieme dopo un certo tempo per discorrere intorno a diversi problemi fisici separati dal soggetto trattato nelle loro conferenze; e siccome io debbo aggiungervi una giornata o due, prometto di riassumere gli argomenti già dati in favore di detta opinione falsa e condannata, e di rifiutarli nella maniera più efficace che Dio m'inspirerà […]» [Venturi 1818-1821, vol. II, pp. 197-199].
15. Mersenne pubblicò due versioni delle *Questioni*: una in cui prendeva in esame la teoria eliocentrica e i contenuti delle prime due *Giornate* del *Dialogo*; l'altra, invece, purgata e molto più critica nei confronti di Galileo. Le due versioni, in fondo, riflettono la doppia

un'analisi del primo *Dialogo* di Galileo; nell'altro non ce n'è traccia; tutto ciò che riguardava il movimento della Terra fu sostituito da una dissertazione riguardante la forza della voce.

La soppressione dell'analisi del primo *Dialogo* di Galileo e la sua sostituzione, mediante ciò che in stamperia si chiama un *carton*, con una dissertazione sulla forza della voce, si può spiegare solo ammettendo che le autorità ecclesiastiche o giudiziarie dell'epoca abbiano imposto questo cambiamento, e tuttavia il padre Mersenne, autore dell'opera, aveva pubblicato come seguito all'analisi del primo *Dialogo*, il giudizio testuale della congregazione dell'Indice. Mi è parso utile mostrare qui con una prova materiale che all'inizio del XVII secolo, non vi era in Francia più apertura e tolleranza che in Italia.

Il papa, sebbene abbia manifestato l'opinione che l'opera di Galileo era perniciosa quanto gli scritti di Calvino e di Lutero, commutò la pena erogata nella sentenza in una relegazione nei giardini di Trinità dei Monti. Ben presto, fu permesso a Galileo di partire per Siena, dove fu ospite per cinque mesi di uno dei suoi antichi allievi, arcivescovo di quella città. In seguito ottenne il permesso di abitare non lontano da Firenze, ad Arcetri, in una casa di campagna che gli fu assegnata come prigione e nella quale, lo dico con dolore, gli fu impedito a lungo di ricevere gli amici.

Alla fine, l'Inquisizione allentò un poco l'estremo rigore con cui sorvegliava il carcerato di Arcetri. Il granduca di Toscana e qualche amico andavano di tempo in tempo a consolare l'illustre vegliardo. Anche degli stranieri ottennero il permesso di fargli visita; e tra questi possiamo citare Milton.[16] Quanto sarebbe augurabile che degli studiosi italiani o inglesi avessero potuto raccontarci in dettaglio ciò che avvenne in quegli incontri!

---

natura di Mersenne, cioè il suo amore per la scienza e la sua condizione di frate minimo.
16. Nell'*Aeropagitica*, un discorso in difesa della libertà di stampa rivolto al Parlamento nel 1644, Milton racconta di aver fatto visita a Galileo durante un viaggio in Italia compiuto nel 1638, quando aveva 29 anni ed era agli inizi di una luminosa carriera e Galileo scontava gli arresti domiciliari nella sua casa di Arcetri: «Vidi il celebre Galileo, vecchio e prigioniero dell'Inquisizione per aver pensato in astronomia diversamente da francescani e domenicani. E sebbene sapessi che l'Inghilterra allora gemeva ad alta voce sotto il giogo pretesco, tuttavia considerai come una promessa di felicità futura che altre nazioni fossero così convinte della sua libertà».

Brevi riflessioni basteranno a calmare il nostro dispiacere; l'autore dei *Dialoghi* era allora molto vecchio e carico di disturbi. Le crudeli persecuzioni a cui era soggetto gli consigliavano la più grande prudenza; Milton, ancora assai giovane, dovette apparire alla vittima dell'Inquisizione solo come un viaggiatore istruito e pieno di immaginazione. Solo molto più tardi l'autore del *Paradiso perduto* conquistò l'immortalità.

Galileo era stato dotato dalla natura di un temperamento forte e vigoroso; ma gli studi eccessivi e qualche abitudine antigenica avevano minato la sua salute. Si racconta, tra l'altro, che a Padova, all'età di trent'anni, nei pomeriggi d'estate si coricava vicino a una finestra aperta dalla quale entrava aria artificialmente raffreddata mediante una caduta d'acqua. Da qui deriverebbero i forti dolori alle gambe, al petto, alla schiena, accompagnati da frequenti emorragie e da perdita di sonno e di appetito. Risentì per tutta la vita, con maggiore o minore intensità, dei fastidiosi effetti della sua imprudenza.

Allorché la vista dell'illustre filosofo cominciò a indebolirsi durante il suo ultimo soggiorno ad Arcetri, i medici sperarono dapprima che fosse l'effetto di una cataratta nascente, alla quale l'arte chirurgica avrebbe apportato un pronto rimedio; ma presto si constatò che la malattia proveniva da una opacità della cornea diafana che andava crescendo con grande rapidità cosicché, gli occhi privilegiati ai quali era stato dato di fare tante numerose e brillanti scoperte, non distinguevano più il giorno dalla notte. Questa disgrazia arrivò nel 1637. Galileo morì l'8 gennaio 1642, lo stesso anno della nascita di Newton. Galileo aveva una taglia al di sotto della media: aveva un aspetto molto piacevole, i suoi occhi brillavano della più viva luce; ma i suoi capelli erano rossi.

Galileo non fu mai maritato; nel 1638 fece testamento in favore del suo figlio naturale, Vincenzo Galilei e di sua figlia Arcangela, religiosa in un convento di Arcetri. Chiese anche che il suo corpo venisse trasportato a Firenze e deposto in una tomba di famiglia situata nella chiesa di Santa Croce. Alcuni fanatici pretendevano che queste disposizioni venissero dichiarate nulle in quanto dettate da un uomo che in quel momento stava scontando una condanna inflitta dall'Inquisizione. Fu necessaria niente meno che una consultazione dei giuristi più celebri di Firenze in diritto canonico perché le volontà di Galileo venissero rispettate. Quando il corpo di Galileo venne deposto in Santa Croce, centoquaranta ammiratori del fisico immortale proposero di innalzargli un monumento a loro spese. Ma Niccolini, ambasciatore del granduca di Toscana a Roma, consigliò di attendere tempi migliori per dare seguito al progetto. Solo nel 1737, quasi un secolo dopo, fu eretto in un uno dei luoghi più in vista di Santa Croce un bel monumento in marmo, che i visitatori di ogni paese non mancano mai di andare a visitare, e che richiama nello stesso tempo la gloria di uno dei più grandi uomini che la Toscana abbia prodotto, e le persecuzioni odiose che tormentarono i suoi ultimi giorni.

Il papa Benedetto XIV annullò la sentenza dell'Inquisizione che condannava le opere di Galileo. La teoria del moto della Terra oggi viene insegnata ovunque, e perfino all'Osservatorio romano, diretto dai gesuiti. Ne sono prova le righe che ho estratto da una memoria di padre Secchi, gesuita, sulle osservazioni del pendolo, pubblicate a Roma nel 1851.

> Il movimento di rotazione della Terra attorno al suo asse è una verità che ai nostri giorni non ha bisogno di essere dimostrata; essa è, in effetti, un corollario di tutta la scienza astronomica. [Secchi 1851, p. 325].

Gli italiani, soli buoni giudici in tale materia, collocano Galileo fra i primi prosatori di cui il loro Paese si onora; arrivano a metterlo alla pari di Machiavelli. Galileo in gioventù, era un grande ammiratore dell'Ariosto; e conosceva tutto l'*Orlando furioso* a memoria. Prese parte attiva e un po' brutale alla disputa che sorse ai suoi tempi in Italia sul merito comparativo tra l'Ariosto e il Tasso. Soleva allora dire: «Leggere il Tasso dopo l'Ariosto è come mangiare del cetriolo dopo un melone». Le sue opinioni a questo proposito si sono modificate con l'età, e si racconta che, alla fine della vita, a chi gli chiedeva un giudizio definitivo sulla *Gerusalemme liberata* e sull'opera dell'Ariosto, abbia risposto: «Il poema del Tasso mi sembra più bello, ma quello dell'Ariosto mi diverte di più».

Le persecuzioni di cui Galileo fu oggetto alla fine della sua vita, hanno lasciato un ricordo così straziante, che al momento della reazione in favore di questo grande uomo, i suoi compatrioti ne hanno fatto una specie di dio. Invece, lo storico imparziale ha più di una osservazione critica da rivolgergli. Per non lasciare questa osservazione, per dimostrare che lo stesso Galileo non era infallibile, facciamo qualche citazione.

In una lettera del 1612, Galileo manifesta il suo totale accordo con i moti epicicloidali: «Non solo – dice – vi è molto movimento negli epicicli, ma ancora non ne esistono altri».[17] Eppure, all'epoca, Keplero gli aveva già mandato da tre anni la sua teoria di Marte. Keplero aveva consacrato il suo *Prodromo*, pubblicato nel 1596, allo sviluppo del sistema di Copernico in favore del quale le sue ricerche avevano fornito gli argomenti più forti. Galileo, per una decisione indefinibile, non ne ha mai parlato, ma, oltre a ciò, non ha menzionato le mirabili leggi alle quali la posterità ha giustamente dato il nome del celebre astronomo tedesco. Si fa fatica a comprendere i dubbi che Galileo nutriva sulle osservazioni di Tycho, destinate a fissare la regione nella quale si muovono le comete. Le idee a proposito di questi astri, affidate al *Saggiatore*, sono un'ombra sulla brillante carriera scientifica del grande filosofo italiano. Possiamo dire la stessa cosa della sua ipotesi sulla formazione di certe stelle nuove a causa dell'influenza dei pianeti quando sono in congiunzione.

I geometri e i fisici non si sono associati agli anatemi lanciati da Galileo contro coloro che, già ai suoi tempi, cercavano di spiegare il fenomeno delle maree con l'azione della Luna. Galileo considera come inefficace

17. La fonte della citazione è discutibile. Nel suo contributo *Delle opinioni e dei giudizi di F. Arago* [Alberi e Bianchi 1842-1856], Alberi afferma che è tratta da una lettera scritta da Galileo al Cesi il 30 giugno 1612; ma il solo periodo che richiama la frase citata è: «Et se per movimenti eccentrici noi intendiamo quei moti circolari che abbracciano la Terra, ma si fanno circa altro centro che quel di lei, e per moti epicicli quelli che si fanno in cerchi che non includon la Terra; se alcuno vorrà negare questi, converrà che neghi le revolutioni delle Stelle Medicee intorno a Giove, e le conversioni di Venere e di Mercurio intorno al Sole, et in conseguenza che Venere non si vegga tal'hora rotonda e tal'hora falcata; et negando quelli, converrà dire che il vedere Marte hora vicinissimo alla Terra et hora lontanissimo sia una illusione, benché ci siano i tempi determinati e previsti de i suoi appressamenti e discostamenti, li quali sono così differenti, che ci mostrano tale stella, quando è vicinissima, 60 volte maggiore che quando è remotissima. Non son dunque chimere l'introduttioni di tali movimenti; anzi non pur ci sono moti per cerchi eccentrici e per epicicli, ma non ce ne sono d'altri, né si dà stella alcuna che si muova in cerchio concentrico alla Terra».

l'attrazione della Luna e si meraviglia che Keplero, che era appena morto, fosse parso disposto ad ammetterla.

Le opinioni di Galileo sulle proprie opere sono state talvolta presentate con immensa esagerazione, e ne è testimonianza questo brano di una lettera a Keplero, in cui dichiara di aver fatto delle tavole esatte dei satelliti di Giove «dei quali si potrà calcolare le configurazioni passate e future con la precisione di un secondo». Una tale presunzione sarebbe a malapena consentita a chi potesse servirsi della totalità delle moderne osservazioni e farsi guidare, nel suo lavoro, dalle correzioni fornite dalla teoria.

Dobbiamo quindi ricevere con qualche riserva l'asserzione che Galileo fosse profondamente modesto. Del resto non ammetto e non penso che si possa indurre dall'esempio di Galileo che gli uomini superiori, buoni giudici quando sono chiamati a giudicare le scoperte degli altri, manchino totalmente d'intelligenza allorché si devono pronunciare sul merito reale delle loro proprie opere. Comunque sia, ecco come nell'intimità Galileo parlava delle sue scoperte. Il brano che vado a citare è estratto da una lettera a Diodati in data 2 gennaio 1638: «Quel cielo, quel mondo e quello universo che io con mie maravigliose osservazioni e chiare dimostrazioni avevo ampliato per cento e mille volte più del comunemente veduto da' sapienti di tutti i secoli passati, ora per me s'è sì diminuito e ristretto, ch'e' non è maggiore di quel che occupa la persona mia» [Venturi 1818-1821, tomo II, p. 233].[18]

18. Il passo è tratto dalla lettera a Elia Diodati del 25 luglio 1634: «[...] intorno al primo punto ch'ella mi domanda, attenente allo stato della mia sanità, le dico che quanto al corpo ero ritornato in assai mediocre costituzione di forze; ma ahimè, Signor mio, il Galileo, vostro caro amico e servitore, è fatto irreparabilmente da un mese in qua del tutto cieco. Or pensi V.S. in quale afflizzione io mi ritrovo, mentre che vo considerando che quel cielo, quel mondo e quello universo che io con mie maravigliose osservazioni e chiare dimostrazioni avevo ampliato per cento e mille volte più del comunemente veduto da' sapienti di tutti i secoli passati, ora per me s'è sì diminuito e ristretto, ch'e' non è maggiore di quel che occupa la persona mia. La novità dell'accidente non mi ha dato ancora tempo d'assuefarmi alla pazzienza ed alla tolleranza dell'infortunio, alla quale il progresso del tempo pur mi dovrà avvezzare. Questa così strabocchevole trasmutazione ha cagionato nella mia mente una straordinaria metamorfosi di pensieri, concetti ed assegnamenti, sopra di che per ora non posso se non dire, anzi accennar [...]».

Potremmo, per completare la nostra valutazione, indicare anche l'insufficienza di qualche ricerca geometrica di Galileo. Ma ci è molto più gradevole interrompere questa enumerazione per dichiarare che, secondo noi, le macchie che abbiamo menzionato nelle sue opere e quelle che potremmo ancora citare, non ci impediscono di considerare Galileo come uno dei più grandi geni che abbiano onorato le scienze. I suoi lavori immortali porteranno fino agli ultimi nipoti il nome del paese che l'ha visto nascere.

Date delle principali pubblicazioni di Galileo e valutazione del loro contenuto

Nel 1606 Galileo pubblicò un'opera intitolata *Le operazioni del compasso geometrico militare*. L'invenzione descritta in quest'opera, ristampata nel 1612 e 1635, fu occasione di una causa che l'autore intentò a Baldassar Capra; e questo fu dichiarato plagiario dal tribunale dell'epoca. Simone Mario non era estraneo in questa storia alla cattiva condotta di Capra nei confronti di Galileo.[19]

Il 1609 è l'anno in cui Galileo costruì per la prima volta dei cannocchiali, cioè strumenti mediante i quali oggetti lontani vengono visti come se fossero vicini. Galileo era allora professore a Padova. Si nota con dispiacere che nella lettera che scrisse al senato di Venezia per informarlo della sua scoperta e dei vantaggi che la repubblica ne avrebbe tratto, non fa alcuna menzione dei precedenti lavori degli olandesi e dichiara che se il senato lo desidera, costruirà nuovi strumenti solo per l'uso della marina e dell'esercito della repubblica: il segreto promesso era evidentemente inutile, dato che a quel tempo si fabbricavano questi strumenti in Olanda a costi assai modesti. (1)

....
19. Della vicenda si parla nel *Saggiatore* a pagina 3: «Io parlo di Simone Mario Guntzehusano, che fu quello, che già in Padua, dove allora io mi trovava, trasportò in lingua latina l'uso del detto compasso, e attribuendoselo, lo fece ad un suo discepolo sotto nome suo stampare, e subito, forse per fuggir il castigo, se n'andò alla Patria sua, lasciando il suo scolare, come si dice, nelle peste; contro il quale mi fu forza in assenza di Simon Mario proceder nella maniera, ch'è manifesto nella difesa, ch'allor feci, e pubblicai […]».

(1) I cannocchiali olandesi si vendevano pubblicamente presso le occhialerie di Parigi prima del mese di maggio, data dei primi lavori di Galileo in questo campo. Infatti, ecco che cosa si legge nel Journal di Pierre l'Estoile. Riprendo questa citazione dal Magazin Pittoresque del mese di febbraio 1853: «Giovedì 30 aprile 1619, essendo entrato a Parigi per il Pont-Marchand, mi sono fermato da un occhialaio che mostrava a un gruppo di persone degli occhiali di nuova invenzione e utilizzo. Questi occhiali sono costituiti da un tubo lungo circa un piede; a ogni estremità vi è un vetro, ma diversi l'uno dall'altro; servono a vedere distintamente gli oggetti lontani che si vedono solo confusamente. Si avvicina quest'occhiale a un occhio e si chiude l'altro, e guardando l'oggetto che si vuol vedere, appare avvicinato e lo si vede distintamente, tanto che si riconosce una persona a mezza lega di distanza. Mi hanno detto che l'invenzione si deve a un occhialaio di Middelbourg».

Galileo non manca un po' di sincerità presentando la sua scoperta – sono le sue parole – come se fosse stata conseguenza dei principi segreti della prospettiva? Gli scrittori che parlano di Galileo con entusiasmo (sono stati, ci sono e saranno molto numerosi) dicono che pervenne in una sola notte e applicando i principi più sottili della rifrazione, a scoprire le basi sulle quali poggia il cannocchiale olandese; ma tutto ciò manca di verità o è enormemente esagerato.

Abbiamo su questo punto degli argomenti decisivi, abbiamo il racconto fatto da Galileo stesso, molto tempo dopo il 1609, della serie di deduzioni attraverso le quali quel grand'uomo produsse i suoi primi strumenti. Ecco le parole di Galileo; le copio, traducendole, da Nelli, l'autore della *Vita* di colui che chiama "divino":

Fu dunque tale il mio discorso. Questo artifizio o consta di un vetro solo, o di più d'uno; d'un solo non può essere, perché la sua figura, o è convessa, cioè più grossa nel mezzo che verso gli estremi, o è concava, cioè più sottile nel mezzo, o è compresa tra superficie parallele; ma questa non altera punto gli oggetti visibili col crescerli, o diminuirli; la concava gli diminuisce, la convessa gli accresce bene, ma gli mostra assai indistinti, e abbagliati, dunque un vetro solo non basta per produrre l'effetto. Passando poi a due, e sapendo, che il vetro di superficie parallele non altera niente, come si è detto, conchiusi che l'effetto non poteva né anche seguir dall'accoppiamento di questo con alcuno degli altri due. Onde mi ristrinsi a volere esperimentare quello che facesse la composizione degli altri due, cioè del convesso, e del concavo, e vidi come questa mi dava l'intento, e tale fu il progresso del mio ritrovamento nel quale di nuovo aiuto mi fu la concepita opinione della verità della conclusione» [*Il saggiatore*, 1632, pp. 62-63].

Domando ora al più prevenuto in che cosa la teoria della rifrazione o, come diceva Galileo, in che cosa i segreti della prospettiva hanno giocato un ruolo in ciò che l'autore ci racconta sulla riproduzione del cannocchiale olandese. Chi potrebbe dirci, dopo il racconto che abbiamo letto, quale sia stato in un cannocchiale il ruolo del vetro convesso messo dalla parte dell'oggetto, e che in seguito si chiamò obiettivo, e il ruolo del vetro concavo posto all'altra estremità del tubo, vicino all'occhio, e che, per questo motivo, viene invariabilmente detto oculare? Questi ruoli, ne convengo, erano molto difficili da definire teoricamente all'epoca in cui Galileo realizzava il suo cannocchiale. Tutti condivideranno a questo proposito l'opinione di Huygens quando dice nella sua *Dioptrice*: «Senza esitazione metterei al di sopra di tutti i mortali colui che, senza il concorso del caso, fosse arrivato all'invenzione del cannocchiale» [Huygens 1728, p. 124].

Comunque sia, il cannocchiale di Galileo produsse a Venezia, malgrado tutte le imperfezioni, un'immensa sensazione. Il celebre professore stesso ci racconta che per più di un mese, a prezzo di immense fatiche, fu costretto a restare vicino ai suoi strumenti per mostrarne gli effetti a tutti coloro che erano affamati di provarli da sé.

Ci si potrebbe meravigliare del fatto che gli olandesi, primi inventori dei cannocchiali, non abbiano avuto l'idea di rivolgere uno di questi strumenti verso il cielo. Per fare scomparire ciò che c'è di straordinario in un tale fatto, è stata pubblicata una lettera nella quale si intendeva evidentemente insinuare che la prima scoperta dei satelliti di Giove sia avvenuta in Olanda; ma si è resa improbabile tale pretesa facendo notare, considerando le date, che l'autore della pretesa scoperta aveva solo sei anni al tempo delle prime osservazioni di Galileo.[20]

----

20. Nel *De vero telescopii inventore*, pubblicato nel 1655, Pierre Borel rivelò la figura di un

A Galileo appartiene incontestabilmente il merito di aver messo il cannocchiale al servizio del progresso dell'astronomia, di avere scoperto per primo i satelliti di Giove. Mi allontano con dispiacere, in questa occasione, dall'opinione che un autore celebre ha di recente espresso a questo proposito, in favore del suo compatriota Simone Mario. Si può vedere nella mia *Astronomia popolare*, nel capitolo dedicato alla storia della scoperta dei satelliti di Giove, che le pretese dell'astronomo tedesco non avevano reale fondamento e che Galileo, agli occhi di tutti gli uomini imparziali capaci di sganciarsi dai pregiudizi nazionali, dev'essere considerato come il solo autore della scoperta.[21]

personaggio fino allora sconosciuto, Zacharias Jansen, costruttore di lenti di Middelburg, figlio di Jan Martens, un occhialaio e venditore ambulante di Anversa. Jan avviò al lavoro di costruzione delle lenti anche Zacharias, e questi fece lo stesso con suo figlio, Johannes Sachariassen. Fu Sachariassen a testimoniare l'invenzione del telescopio da parte di suo padre, in alcune lettere inviate al Consiglio della città di Middelburg. Nella lettera del 30 gennaio 1655 diceva: «Nell'anno 1590 il primo tubo fu fatto e inventato a Middelburg in Zelanda da Zacharias Jansen, e a quel tempo il più lungo era di 15 o 16 pollici. Due di questi furono presentati, uno al principe Maurizio e l'altro al duca Alberto. La lunghezza di 15 o 16 pollici fu usata fino all'anno 1618; poi io e mio padre, citato prima, inventammo i tubi lunghi che furono usati di notte per osservare le stelle e la Luna, sulla quale c'è ora molta speculazione. Nell'anno 1620, Metius ottenne uno dei nostri tubi, che copiò come poté; Cornelius Drebbel fece lo stesso. Quando noi facevamo questi strumenti vivevamo sul sagrato, dove ora è locato il mercato. Se René Descartes e Cornelius Drebbel e Johannes Loof fossero ancora vivi, potrebbero testimoniare che io ho inventato i primi tubi lunghi. Io non posso dare a Vostri Signori ulteriori informazioni».

21. Scrive Arago nel cap. IX dell'edizione postuma dell'*Astronomie populaire* (Paris, 1857): «In Germania, Simone Mario asserì di aver fatto l'osservazione prima di Galileo. Dedichiamo qualche riga alle sue pretese. La pubblicazione di Simone Mario sui satelliti di Giove, il suo *Mondus jovialis*, è del 1614; posteriore di quattro anni alla pubblicazione del *Nuntius sidereus* di Galileo, che uscì alla fine del 1610, e nel quale il grande uomo faceva conoscere il risultato delle sue prime ricerche sui satelliti di Giove. La prima osservazione data dall'astronomo tedesco corrisponde alla seconda di Galileo; ma l'identità non appare al primo colpo d'occhio, perché Simone Mario mette la data secondo il calendario non riformato, cosa che sembra portare in suo favore un'anteriorità di dieci giorni sulle osservazioni di Galileo, che seguiva già il calendario gregoriano». E in una nota: «Sono rimasto stupefatto nel leggere nell'opera del mio migliore amico, il *Cosmo* di Humboldt, che [...] attribuisce la scoperta dei satelliti di Giove a Mario. Il matematico dell'elettore del Magdeburgo ha diritto a essere citato su questo tema solamente per aver avuto l'idea, infelice per vari aspetti, di dare ai satelliti i nomi di Io, Europa, Callisto e Ganimede».

Sidereus nuncius

> *Sidereus Nuncius magna, longeque admirabilia spectacula pandens, suspiciendaque*
> *proponens vnicuique, præsertim vero philosophis, atq[ue] astronomis, quæ à Galileo*
> *Galileo patritio fiorentino Patauini Gymnasij Publico Mathematico perspicilli nuper*
> *a se reperti benficio sunt obseruata in Lunæ facie, fixis innumeris, lacteo circulo, stellis*
> *nebulosis, apprime vero in qvatvuor planetis circa iovis stellam disparibus interuallis,*
> *atque periodis, celeritate mirabili circumuolutis; quos, nemini in hanc usque diem*
> *cognitos, nouissimè Author deprændit primus; atque Medicea Sidera nvncvpandos*
> *decrevit venetiis. Apud Thomam Baglionum, MDCX.*[22]

Si trovano in quest'opera osservazioni compiute dall'autore, con un cannocchiale che ingrandiva circa trenta volte: sulla costituzione fisica della
Luna, sulle nebulose, la Via lattea e sulle quattro lune di Giove. Galileo
paragona la Luna alla coda di un pavone, a causa della quantità di occhi
o di cavità rotonde che vi si notano; per spiegare alcuni fenomeni ha fatto
ricorso a una pretesa atmosfera della Luna. Dopo aver preso in esame
diverse spiegazioni della luce cinerea, si ferma su quella che ha trovato in
un manoscritto del celebre pittore Leonardo da Vinci.[23]

Conta 80 stelle nella cintura di Orione, quando a occhio nudo se ne
distinguono solo sette. Le Pleiadi, dove gli antichi non ne vedevano che
sei o sette, a lui si mostrarono in quaranta. La Via lattea e le nebulose gli
apparvero come ammassi di stelle indistinguibili a occhio nudo.

Quest'opera costituisce una storia dettagliata della scoperta dei satelliti di Giove. Il primo sospetto di Galileo riguardo all'esistenza dei satelliti
risale all'8 gennaio 1610. Spiega i mutamenti di splendore che i satelliti
presentano con l'influenza di una diafanità più o meno grande nell'atmosfera di Giove; cosa che, sia detto tra parentesi, avrebbe dato a quell'atmosfera dimensioni enormi e inammissibili.

L'opera termina con l'annuncio di una scoperta che desiderava ve-

....

22. Frontespizio del *Sidereus nuncius*.
23. La spiegazione del fenomeno della luce cinerea della Luna venne esposta da Leonardo da Vinci nel 1508 circa, nel *Codice Hammer*.

rificare, e che annuncia, intanto, sotto forma di logogrifo [anagramma]. Si tratta della forma singolare di Saturno. Ecco l'insieme delle lettere che compongono l'anagramma pubblicato da Galileo: SMAISMRMILMEPOETA-LEUMIBUNENUGTTAURIAS. Le lettere, disposte in ordine, significavano: ALTISSIMUM PLANETAM TERGEMINUM OBSERVAVI.

Keplero, che non si fermava davanti a nessun problema, per difficile che fosse, cercò ostinatamente di trovare un significato nell'anagramma di Galileo e finì per ricavarne un verso latino molto poco ortodosso, grammaticalmente parlando, che annunciava una scoperta sul pianeta Marte. L'11 dicembre dello stesso anno 1610, Galileo pubblicò un altro logogrifo relativo alle fasi di Venere: Questo logogrifo era così concepito: HAEC IMMATURA A ME IAM FRUSTRA LEGUNTUR O.Y. Il 1° gennaio 1611 ne diede la seguente spiegazione: CYNTHIAE FIGURAS AEMULATUR MATER AMORUM.

Discorso intorno alle cose che stanno in su l'acqua

Nel 1612 apparve l'opera intitolata: *Discorso intorno alle cose che stanno in su l'acqua e che in quella si muovono*. Il fine di quest'opera era principalmente quello di difendere Archimede dagli attacchi dei peripatetici; ma Galileo fu lui stesso l'oggetto delle critiche acerbe e infondate da parte di Ludovico delle Colombe e di Vincenzo di Grazia. Il grande filosofo credette di non doversi degnare di prendere in considerazione le elucubrazioni di Colombe e Grazia e seppellì i loro argomenti con la sua risposta; ma ebbe il torto di attribuirgli un'estensione superiore a quella dell'opera stessa.

In quest'opera, come ho già detto, si trova per la prima volta enunciato il principio delle velocità virtuali, di cui i moderni geometri hanno fatto tanto numerose, utili e belle applicazioni.

Storia e dimostrazioni intorno alle macchie solari e loro accidenti: si aggiungono nel fine le lettere e disquisizioni del finto Apelle (13 gennaio 1613)

In quest'opera, pubblicata a Roma, non si fa per niente menzione delle osservazioni delle macchie fatte da Fabricius, prima di Galileo e Scheiner, né delle conseguenze alle quali era arrivato l'astronomo olandese circa la rotazione del Sole.

Ho collocato nella mia *Astronomie populaire* un capitolo intitolato: *Chi sono stati i primi osservatori delle macchie solari?*[24] In questo capitolo, ho fatto vedere, non contentandomi delle opere a stampa, che Fabricius è incontestabilmente l'autore della scoperta delle macchie solari. Ho così posto fine a un dibattito animato e confuso che si è acceso su questo tema, e sul quale non è possibile non ritornare in questa revisione delle opere dell'immortale scienziato. Prima di tutto, mi devo spiegare sui principi che devono servire come guida per gli storici della scienza.

Quale lamentazione legittima potrebbe far ragionare colui che, geloso delle sue scoperte come l'avaro dei suoi tesori, li nasconde, sta attento perfino dal lasciarli intendere, per la paura che qualche altro sperimentatore li sviluppi o li fecondi? Il pubblico non deve nulla a colui che non gli rende alcun servizio. Oh! Capisco! Volete prendere il tempo di completare la vostra opera, di svilupparla in tutte le sue ramificazioni, di indicarne le applicazioni utili! Padroni di farlo, signori, liberi; ma è a vostro rischio e pericolo. Perché allora i vostri lamenti di essere stati derubati sono esagerati. Dove si è mai visto, in effetti, che il mondo scientifico abbia mancato di perseguire con la sua giusta collera, con crudi rimproveri, gli squallidi personaggi che, in agguato dei lavori dei loro contemporanei, non mancano mai di gettarsi su un filone l'indomani stesso del giorno in cui qualche fortunato esploratore l'abbia scoperto; che si mostrano senza cessa alle finestre, a tutti i piani degli edifici in costruzione, con la speranza di passare per architetti o proprietari? Il semplice buon senso vuole che in un tempo limitato, ma sufficientemente esteso, una proprietà privilegiata, assoluta, venga concessa agli inventori; questa giustizia elementare gli è mai stata rifiutata? Se un uomo sleale va a mietere su un campo in cui non ha seminato, la riprovazione generale è là per punirlo. No, no! Non bisogna sbagliarsi: in materia di scoperte, come in tutte le altre cose, l'interesse pubblico e l'interesse privato ben inteso procedono sempre in compagnia.

----

24. François Arago, *Astronomie populaire*, tomo II, première edition (1855), livre XIV, *Le soleil*, ch. VIII, «Quels ont été les premiers observateurs des taches solaires?».

Ho parlato di pubblicazione. Chiamo così tutte le letture accademiche, tutte le lezioni fatte davanti a un numeroso uditorio, tutte le riproduzioni del pensiero mediante stampa. Le comunicazioni private non hanno l'autenticità necessaria. Le certificazioni di amicizia sono senza valore: l'amicizia manca spesso di lumi e si lascia affascinare.

Nel ricordare i principi a cui lo storico della scienza non si attiene mai abbastanza, non ho inteso − Dio me ne guardi! − di venire in aiuto a quelli che origliano alle porte per confidare ogni giorno alla stampa il segreto di cui si sono impadroniti il giorno prima. Rubare un pensiero è ai miei occhi un crimine ancora più imperdonabile che rubare del denaro o dell'oro. Un titolo stampato può dunque essere sottoposto alle stesse verifiche di un biglietto di banca. Bisogna che gli interessati abbiano il diritto di dichiararlo falso; bisogna che le dichiarazioni contrarie siano dibattute con rigorosa giustizia, condizione che, salvo rare eccezioni, mi sembra dovrebbe comportare il rigetto di tutti i reclami posteriori.

Ho appena detto che letture accademiche, lezioni orali tenute davanti a un numeroso auditorio, potrebbero talvolta marciare di pari passo con vere e proprie pubblicazioni. Vediamo se nella questione della scoperta delle macchie solari esistono dei titoli, dei documenti di tale natura, che possano far modificare la conclusione che ho avanzato a proposito dell'attribuzione a Fabricius di questa scoperta, e non a Galileo o a Scheiner.

Di letture accademiche non ve n'è stata nessuna. Forse si potrebbe assimilare a una lezione pubblica l'osservazione delle macchie solari fatta a Roma nel 1611, davanti ad alcuni principi italiani, nel giardino del cardinal Bandini. L'indicazione dell'anno non è sufficiente: bisogna ancora sapere il mese. Ora, si conoscono due testimonianze. L'arcivescovo Dini dichiara, il 2 maggio 1615, che era stato ai giardini del Quirinale con Galileo in occasione di tale osservazione, ma senza specificare la data; è l'editore delle opere di Galileo che attribuisce alle osservazioni dal giardino di Monte Cavallo, la data di aprile o maggio del 1611.

Monsignor Gucchia [Giovanni Battista Agucchi, N.d.R.], da parte sua, attestò, il 16 giugno 1612, che Galileo gli aveva parlato (*diede notizia a bocca*) di queste macchie più di un anno prima.

Quindi, a essere rigorosi, Gucchia non ci autorizza a risalire prima del

15 giugno 1611. Prendiamo il mese di maggio come attendibile. La data di maggio ci sembra necessariamente posteriore a quella dell'osservazione dell'astronomo olandese. Fabricius, infatti, firmò la dedica del suo libro il 13 giugno 1611; ora, in questo libro si tratta di macchie che, dopo essere state osservate sul disco, sono scomparse a occidente; e che ricomparvero dopo sul bordo opposto. Non sarebbe troppo concedere che ci siano voluti due o tre mesi di tempo per fare tali osservazioni, disporle in una teoria plausibile, comporre l'opera che conosciamo, per quanto piccola sia, e per stamparla. Questa ipotesi ci porterebbe ai primi di marzo o di aprile. Fabricius dichiarò inoltre che le sue osservazioni risalivano all'inizio del 1611, a un'epoca in cui nulla poteva fargli supporre che la sua scoperta avrebbe dato l'avvio a una questione di priorità.

Scheiner fa risalire vagamente le sue prime osservazioni delle macchie solari ai mesi d'aprile o maggio del 1611, ma non vi è alcuna testimonianza che suffraghi l'affermazione. Aggiungiamo che, seguendo lo stesso Scheiner, l'apparizione delle macchie, all'inizio del 1611, attrasse poco la sua attenzione e che se ne occupò seriamente solo nell'ottobre 1611. A questa data cercava ancora di assicurarsi che le macchie non fossero dovute a sporcizia o difetti delle lenti; in che cosa potevano allora consistere le osservazioni di maggio?

Diciannove anni dopo la discussione di priorità che ho appena analizzato, il 27 settembre 1631, il frate Fulgenzio Micanzio scriveva che Galileo aveva visto le macchie del Sole a Venezia, servendosi del primo cannocchiale e che le mostrò al padre Maestro Paolo [Sarpi] su un cartone bianco. Secondo questa dichiarazione tardiva la scoperta risalirebbe al mese di agosto 1610.

Malgrado tutta la mia deferenza per il teologo della Serenissima repubblica, devo presentare qualche difficoltà. Le osservazioni di Venezia, dice frate Fulgenzio, furono fatte proiettando l'immagine solare su un cartone. Se per immagine solare si deve intendere quella che proiettava il solo obiettivo, osserverei che quella sarebbe stata evidentemente troppo piccola (circa 9 millimetri di diametro, valore di 31 minuti su una distanza di un metro) perché vi si potessero distinguere delle macchie ordinarie. Se si parlava dell'immagine prodotta dall'azione simultanea dell'obiettivo e dell'oculare, chiederei come può essere che più tardi Galileo abbia lui stesso parlato di Castelli come dell'inventore di questo modo di osservare il Sole.

Dubbi sulla sincerità di qualche ammiratore dell'immortale osservatore italiano

Mi costa proiettare dei dubbi sulla sincerità di qualche ammiratore dell'immortale osservatore italiano; ma i fatti parlano da sé. In ogni caso, faccio uso di un diritto di cui diversi storici di Galileo hanno abusato. Vedete Nelli, per esempio: non respinge senza discuterla e in atteggiamento superbo le asserzioni mediante le quali Bianchi pretendeva di attribuire al principe Cesi la scoperta del microscopio (tomo I, pag. 190); se Grisellini ha creduto di poter associare Sarpi alla riproduzione del cannocchiale in Italia, lo storico irascibile esita a chiamare impostura l'opera di Grisellini; infine Borel, autore di un lavoro spesso citato, intitolato: *De vero telescopii inventore*, non viene chiamato dallo stesso Nelli, «questo impudente francese»? [Nelli 1793, vol. I, p. 174].[25]

Galileo, Dio mi guardi dal fargliene un rimprovero, era lontano dal mostrarsi indifferente ai diritti di proprietà in tema di scoperte. Le sue prime osservazioni sulla forma di Saturno furono comunicate al pubblico mediante un logogrifo inestricabile. L'11 dicembre 1610 pensò di assicurarsi la priorità dell'osservazione delle fasi di Venere inviluppandole in un anagramma divenuto celebre. Perché, approfittando dell'occasione, non ha fatto altrettanto per la scoperta, altrettanto fondamentale, altrettanto inattesa, delle macchie solari, se questa scoperta fosse risalita agli ultimi tempi del soggiorno di Galileo a Venezia, vale a dire al mese di agosto del 1610? Questa difficoltà rimarrà sicuramente senza risposta soddisfacente.

....

25. «A tenore dell'esposto si osserverà con qual patente ingiustizia Pietro Borel di Castes di Linguadoca Medico del Re di Francia in un suo Opuscolo senza alcun fondamento di ragione abbia incolpato il Galilei di essersi al pubblico spacciato pel primo Inventore del Telescopio. Se *questo impudente francese* avesse letto le Opere del nostro Filosofo, non avrebbe immaginato un'impostura di questo calibro, lo che fa comprendere aver egli scritto quel suo Libretto inconsideratamente o ad oggetto di acquistar merito presso i Signori Olandesi, o sivvero per livore prodotto forse dall'invidia, che gli scioli, e gli impostori nutrono verso i grandi uomini».

Nell'edizione che l'Accademia dei Lincei fece nel 1613 del trattato di Galileo sulle macchie solari (*Storia e dimostrazioni intorno alle macchie solari*) si trova una prefazione di Angelo de Filiis, bibliotecario della società. Una prefazione destinata evidentemente a far valere i diritti dell'illustre astronomo nella scoperta delle macchie. Il signor Angelo ricorda le osservazioni nel giardino del cardinal Bandini, e indica le persone che erano presenti, cioè: il cardinale stesso, i signori Corsini, Dini, Cavalcanti; il signor Giulio Strozzi, ecc. Parla di osservazioni anteriori di Firenze, senza citare nessuno; infine, non dice una sola parola delle pretese osservazioni di Venezia! Nonostante che signor Angelo avesse avuto su questo punto dei resoconti diretti da Galileo.

Un italiano che, di recente, ha trattato lo stesso tema, non si è contentato, lui, delle osservazioni sicure di Roma, delle osservazioni ipotetiche di Firenze e di Venezia. Ne ha esumato, nel 1611 da Padova. Secondo lui, sarebbe stato a Padova che Galileo avrebbe scoperto le macchie solari.[26] Questo autore rinvia, per le prove, alla biografia dell'illustre scienziato scritta da Nelli. Le pagine 326 e 327 dell'opera di Nelli non fanno cenno a osservazioni di macchie solari fatte a Padova.[27] Fornirò una prova eclatante del pericolo che deriverebbe, in materia di scoperte, dall'affidarsi ai ricordi; ed è Galileo stesso (Galileo, cui nessuno sicuramente vorrà contestare la buona fede) che me la fornirà.

Nella sua prima lettera a Velser, datata 4 maggio 1612, Galileo fa risalire le sue prime osservazioni delle macchie a diciotto mesi prima (*da 18 mesi in qua*). Questo ci riporta al 4 ottobre 1610. Galileo lasciò Venezia nell'agosto 1610. La scoperta non era dunque ancora stata fatta a Venezia. Che cosa pensare allora della dichiarazione di padre Micanzio?

Non è tutto: dopo la scoperta, come abbiamo visto, all'inizio del 1612, Galileo si diede all'osservazione delle macchie in una data posteriore a quella della sua partenza da Venezia. Ed ecco che vent'anni dopo, nei *Dialoghi*, Salviati dice che l'accademico Linceo fece quella scoperta mentre era

26. Il riferimento polemico è alla biografia di Libri in cui si legge: «A Padova aveva già scoperto le macchie solari che aveva mostrato a Sarpi e ad altri studiosi».
27. Nel testo di Nelli (già citato), il terzo capitolo, intitolato *Il Galileo scopre il primo le Macchie Solari. Il Gesuita Cristoforo Scheiner, e il Fabricio pretendono contrastargli il primato*, occupa le pp. 324-343.

ancora professore di matematica a Padova.[28] Chi non potrebbe, davanti a queste contraddizioni, di queste confusioni, proclamare di nuovo che lo storico delle scienze deve lasciarsi guidare solamente dalle pubblicazioni autentiche?

Il miglior modo di porre termine a tutte le difficoltà sulla data di scoperta delle macchie, sarebbe stato quello di riportare le osservazioni vere. Chi avrebbe osato concepire dei dubbi sulla sincerità di una dichiarazione di Galileo formulata in questi termini: "Il giorno tale, nel 1611, vidi una macchia vicino al bordo orientale del Sole; il giorno talaltro era al centro del disco; alla talaltra data fui testimone della scomparsa della macchia dietro al bordo occidentale"? Si trovano osservazioni di questo genere nelle lettere che l'illustre fisico scrisse a Velser d'Asburgo, ma sono tutte dei mesi di aprile e maggio del 1612. A quel tempo l'opera di Fabricius era comparsa da circa un anno!

Non smetteremo mai di ripeterlo, la pubblicazione è la sola cosa che lo storico delle scienze sia tenuto a prendere in considerazione. Se, tuttavia, avessi assolutamente bisogno di rendere conto dell'impressione che mi è rimasta dall'esame di tanti documenti contraddittori, ecco come la riassumerei.

Verso il mese di aprile 1611. Galileo notò, in modo vago e confuso, delle macchie sul Sole. Prima dell'impiego dei vetri colorati, le osservazioni solari erano di una difficoltà e di un pericolo estremi, particolarmente sotto il bel clima d'Italia; Galileo aveva dunque fatto solo poche osservazioni; non era arrivato a niente di soddisfacente, a niente di plausibile né sulla natura delle macchie, né sulla regione del cielo che occupavano, né

----

28. «Fu il primo scopritore ed osservatore delle macchie solari, sì come di tutte l'altre novità celesti, il nostro Academico Linceo; e queste scopers'egli l'anno 1610, trovandosi ancora alla lettura delle Matematiche nello Studio di Padova, e quivi ed in Venezia ne parlò con diversi, de i quali alcuni vivono ancora: ed un anno doppo le fece vedere in Roma a molti Signori, come egli asserisce nella prima delle sue Lettere al signor Marco Velsero, Duumviro d'Augusta. Esso fu il primo che, contro alle opinioni di i troppo timidi e troppo gelosi dell'inalterabilità del cielo, affermò tali macchie esser materie che in tempi brevi si producevano e si dissolvevano; che, quanto al luogo, erano contigue al corpo del Sole, e che intorno a quello si rigiravano, o vero, portate dall'istesso globo solare, che in se stesso circa il proprio centro nello spazio quasi di un mese si rivolgesse [...]» [*Dialogo sopra i due massimi sistemi del mondo, Giornata Terza*].

sulle conseguenze alle quali il loro movimento poteva condurre quando arrivò a Venezia la notizia che queste ricerche erano condotte con assiduità e successo. In quel momento, l'illustre scienziato vide con dispiacere di essere stato preceduto. Con una disposizione di spirito di cui si potrebbero citare diversi esempi clamorosi, gli ammiratori di Galileo, e forse lo stesso Galileo, sono giunti a considerare come responsabili di condotta scorretta, come dei veri plagiari, gli astronomi che, seguendo la propria ispirazione, hanno realizzato delle idee che gli osservatori d'oltralpe avevano senza dubbio concepito nel silenzio dello studio, ma senza prestar loro la sanzione dell'esperienza, senza neppure sottometterle alla discussione di una cerchia di amici. Di là, a considerare la data di un pensiero intimo e senza alcuna notorietà come un titolo valido agli occhi del pubblico, non mancava che un passo, e tale passo fu fatto. Quelli che noteranno nella prima lettera di Galileo a Velser in data 4 maggio 1612, queste parole significative a proposito delle macchie solari: «Non ardisco quasi di aprir bocca per affermar cosa nessuna», si conformeranno sicuramente alla mia opinione.[29]

Prima di terminare questa lunga discussione, devo fare osservare che, in base al principio che il punto di partenza dello storico devono essere i documenti inediti, Galileo, in materia di scoperta delle macchie solari, avrebbe un concorrente con dei titoli ancora più antichi di quelli di Scheiner e forse di quelli di Fabricius. Il signor de Zach dice, infatti, di aver visto in Inghilterra, in alcuni manoscritti d'Harriot, delle osservazioni di macchie che risalivano all'8 dicembre 1610.

Galileo non ha più diritti sulla scoperta della rotazione del Sole. In effetti, anche risalendo fino al 1631, cioè alla lettera di frate Fulgenzio Mi-

....

29. Lettera a Marco Welser del 4 maggio 1612: «[…] la irresoluzione resti scusata per la novità e difficoltà della materia, nella quale i vari pensieri e le diverse opinioni che per la fantasia sin ora mi son passate, or trovandovi assenso or repugnanza e contradizzione, m'hanno reso in guisa timido e perplesso, che *non ardisco quasi d'aprir bocca per affermar cosa nessuna*. Non per questo voglio disperarmi ed abbandonar l'impresa, anzi voglio sperar che queste novità mi abbino mirabilmente a servire per accordar qualche canna di questo grand'organo discordato della nostra filosofia; nel qual mi par veder molti organisti affaticarsi in vano per ridurlo al perfetto temperamento, e questo perché vanno lasciando e mantenendo discordate tre o quattro delle canne principali, alle quali è impossibile cosa che l'altre rispondino con perfetta armonia».

canzio sulle pretese osservazioni e conversazioni di Venezia, non si trova una sola parola che riguardi la rotazione del Sole. Devo dire tutto circa l'attestazione di monsignor Dini relativa alla seduta del giardino Bandini di Roma: hanno visto le macchie; ma non è indicata alcuna conseguenza di tali osservazioni. Nella lettera già citata, Agucchia dice che Galileo gli comunicò verbalmente la scoperta delle macchie e il movimento apparente di tali corpi da est verso ovest. Non fa menzione del moto di rotazione del Sole.

Niente è più categorico, più positivo per chi sa leggere con attenzione, della prefazione accademica di Angelo de Filiis. Dopo aver ricordato la riunione nel giardino Bandini, dopo aver reso il giusto omaggio al genio di Galileo, il bibliotecario dei Lincei aggiunge: «Si attendeva con desiderio universale che facesse conoscere la sua opinione sulle macchie, allorché, infine, i signori accademici dei Lincei vennero a sapere che Galileo aveva pienamente trattato l'argomento in alcune lettere indirizzate in particolare al celebre e dotto Velser [...]». Nel giardino Bandini, nell'aprile o maggio 1611 l'illustre scienziato non aveva dunque detto nulla della rotazione del Sole. È quindi dalle lettere di Velser che si ebbero le prime notizie di questa verità astronomica. La più vecchia di queste lettere al duumviro di Asburgo è del 4 maggio 1612. A quella data, l'opera di Fabricius era nelle mani del pubblico da più di dieci mesi.

Aggiungo che le pretese dello stesso Galileo, quelle di cui ho in precedenza riportato le date, concernono solamente l'osservazione delle macchie e per niente la conseguenza che ne è stata dedotta: la rotazione del Sole sul suo asse. Questa scoperta appartiene a Fabricius!

Che cosa c'è di vero quindi in questa asserzione di un autore italiano moderno: «Quand'anche il grande astronomo (di Firenze) non fosse stato il primo a osservare le macchie (le macchie solari), *avrebbe superato tutti i suoi rivali per le conseguenze importanti che seppe ricavarne relativamente alla costituzione fisica del Sole e al moto di rotazione di questo astro*»?[30]

Mi rendo immediatamente conto che questa pretesa superiorità di Galileo sui rivali, in materia di moto di rotazione e di costituzione fisica del Sole non resisterebbe all'esame più superficiale. Dopo aver considera-

30. Citazione tratta dalla biografia di Galileo di Libri.

to i rispettivi titoli con occhi attenti, nessuno studioso imparziale, nessun amatore per quanto modesto delle osservazioni astronomiche, accetterà l'affermazione che abbiamo appena letto. Sono sicuro di aver affrontato questa discussione solamente nell'interesse della verità storica; tuttavia, allo scopo di stornare in anticipo le insinuazioni malevole che potrebbero prendere di mira queste pagine, dichiaro solennemente che Galileo è ai miei occhi uno dei quattro o cinque più grandi geni scientifici dei tempi moderni. Aggiungo che nessuna lode al mondo mi sembrerebbe esagerata, parlando della sagacia di cui l'immortale scienziato diede prova nelle ricerche sul moto vario e la caduta dei corpi. Voglio sottolinearlo, non si tratta qui che di un tema speciale e ben circoscritto, di una questione di astronomia riguardo alla quale, secondo me, Galileo fu molto meno brillante del solito.

8 giugno 1619 – Discorso delle comete di Mario Guiducci del 1618[31]

L'autore pretende a torto che la parallasse sia un cattivo mezzo per determinare la distanza di una cometa.

1623 – Il Saggiatore

Il Saggiatore, nel quale si ponderano le cose contenute nella libra astronomica e filosofica di Lotario Sarsi, scritto in forma di lettera, dal signor Galileo Galilei.

È una dissertazione nella quale Galileo cerca principalmente di dimostrare, in risposta a un trattato di Padre Sarsi, che le comete potrebbero essere semplici illusioni, come i pareli, gli aloni, gli arcobaleni, ecc. Queste supposizioni, che non hanno quasi luogo al giorno d'oggi, mostrano attraverso quali difficoltà la verità si faccia strada anche negli spiriti più acuti e più esenti da pregiudizi.

....

31. Mario Guiducci, *Discorso delle comete fatto da lui nell'Accademia Fiorentina nel suo medesimo consolato*, Firenze 1619.

Il *Saggiatore* è considerato dai giudici competenti come un capolavoro di stile, di dialettica e di finezza argomentativa. Mi inchino rispettosamente davanti a tale giudizio, ma confesso che avendo preso in considerazione la sostanza delle cose, molto più che la forma, il *Saggiatore* mi è parso di una prolissità stancante.

1632 – Dialogo sopra i due massimi sistemi del mondo

Dialogo di Galileo Galilei sopra i due massimi sistemi del mondo, tolemaico e copernicano.

I *Dialoghi* apparvero a Firenze nel 1632. Tradotti dall'italiano in latino, furono pubblicati a Strasburgo nel 1635 con il titolo di *Systema cosmicum, auctore Galileo Galilei*, ecc.[32] Quest'opera è divisa in quattro dialoghi a cui partecipano tre interlocutori: Salviati, nobile fiorentino, che sostiene con forza il sistema di Copernico; Sagredo, nobile veneziano, uomo di spirito, come dice Delambre,[33] ma piuttosto uomo di mondo che scienziato. Questi due personaggi erano stati amici di Galileo ed erano morti da parecchi anni quando i *Dialoghi* comparvero. L'autore chiama Simplicio il terzo autore, dal nome di un peripatetico di cui ci resta un commentario sul *Cielo* di Aristotele.

Si è costretti a fare violenza su se stessi quando si è condotti a fare critiche, anche se ben fondate, a un'opera che è stata causa dei trattamenti inauditi inflitti al suo autore; ma la verità ha diritti imprescrittibili. Deporrò qui dunque umilmente le riflessioni che mi sono state suggerite dalla lettura dei *Dialoghi*.

----

32. «Systema cosmicum: in quo dialogis iv. de duobus maximis mundi systematibus, Ptolemaico & Copernicano, rationibus utrinque propositis indefinite disseritur, Ex Italica lingua Latine conversum. Accessit appendix gemina, qua SS. Scripturæ dicta cum terræ mobilitate concilientur. Strassburg: Impensis Elzeviriorum, Typis Davidis Hautti, 1635». Matthias Bernegger ne fu il traduttore.
33. «Les interlocuteurs sont Salviati, noble florentin, qui soutient le système de Copernic; Sagredo, noble vénitien, homme d'esprit, au dessus des préjugés, qui a des connaissances variées, mais homme du monde plutôt que savant» [Delambre 1817-1827, vol. I, p. 644].

Perché Galileo ha dato alla sua opera la forma di dialogo? Non sarebbe stato meglio esporre le verità che contiene con un'opera didattica? Galileo ha avuto di certo le sue buone ragioni, ai tempi in cui scriveva, per adottare la prima forma; voleva senza dubbio dare al suo trattato un taglio popolare e raggiunse il suo scopo.

Riconosco che le riflessioni che sto per esporre hanno qualche peso solo se si tiene conto dei tempi e delle circostanze di cui Galileo era giudice migliore di quanto possiamo essere noi oggigiorno; ammetto inoltre che queste tendevano solo a sopprimere, o a ridurre a otto o dieci pagine, una delle opere più eleganti della nostra letteratura, le *Entretiens* di Fontenelle sulla *Pluralità dei mondi* [Fontenelle 1687]. Comunque sia, mi accingo a entrare con decisione nella materia, ma pregando il lettore di considerare che presento le mie osservazioni, non come giuste, ma solo come mie personali.

Lalande invitava gli astronomi a leggere una volta all'anno l'opera di Keplero sull'orbita di Marte.[34] Non mi sentirei, in verità, di fare la stessa raccomandazione per quanto concerne i *Dialoghi*. Potrei anche, con la stessa serenità, consigliare agli osservatori di non perdere tempo in quella lettura. Le cose più semplici vi sono esposte con una prolissità che, ai nostri giorni, non troverebbe scusanti. Bisogna cercarvi le verità degne di essere ricordate, e sono numerose, in mezzo ai fatui complimenti che si rivolgono gli interlocutori, Salviati, Sagredo, Simplicio. Sfiderei quelli che trovassero questo giudizio troppo severo a leggere, se ne avessero il coraggio, nel terzo dialogo, la confutazione dei calcoli, eseguiti da un autore di cui non si cita il nome, destinati a dimostrare che la stella del 1572 era una penombra sublunare e non una stella propriamente detta. Una cosa che si sarebbe potuta spiegare in quattro pagine, si trova diluita senza necessità, e sicuramente senza profitto per la chiarezza, in uno spazio di dieci fogli più estesi.

Ma passiamo alle verità di cui parlavo poco fa. Si trova nel terzo dialogo la spiegazione molto dettagliata del metodo mediante il quale Galileo

---

34. A proposito dell'*Astronomia nova* di Keplero, Lalande dice: «[...] ma un astronomo deve leggere il libro di Keplero per intero. Fra le superfluità, le prolissità, i tentativi falliti che vi sono dettagliatamente descritti, vi si vede una marcia gloriosa e alcuni tratti del genio [...]» [Lalande 1792, vol. II, p. 4].

intendeva dimostrare il moto di traslazione della Terra, mediante lo spostamento relativo di due stelle in apparenza molto vicine l'una all'altra, ma a distanze diverse dalla Terra; metodo che, in seguito, è stato a torto presentato come nuovo da William Herschel,[35] e impiegato con successo da Bessel nelle sue osservazioni della parallasse della 61 Cygni.[36]

Il quarto *Dialogo* è dedicato a una spiegazione del flusso e riflusso del mare, poco degno dell'autore a cui dobbiamo i veri principi della meccanica moderna. Secondo Galileo, il fenomeno sarebbe dovuto alla combinazione del moto delle acque prodotto dal movimento di traslazione della Terra intorno al Sole e del moto in senso inverso dello stesso liquido che risulterebbe lungo le ventiquattr'ore dal moto di rotazione della Terra sul suo asse. Il minimo inconveniente di tale spiegazione è di non soddisfare ad alcuna delle leggi sperimentali del fenomeno.

20 febbraio 1637 – La titubazione lunare
Lettera datata dalla prigione di Arcetri

In questa lettera Galileo rende conto delle sue osservazioni sulla *titubazione* (librazione) della Luna. Le librazioni di cui si parla sono solo relative ai cambiamenti di parallasse risultanti dalle diverse altezze dell'astro rispetto all'orizzonte e ai cambiamenti di declinazione. Gli scrittori che hanno visto nelle osservazioni così interessanti di Galileo la scoperta della librazione e le leggi notevoli fornite da Cassini, hanno solo dato prova della loro ignoranza in astronomia.[37]

Le osservazioni di cui si parla in tale pubblicazione, fatte ad Arcetri, furono interrotte da una flussione che colpì gli occhi dell'illustre prigioniero, e che fu seguita presto da una completa cecità.

Nella redazione delle sue osservazioni si trova che l'età non aveva affie-

....

35. William Herschel cercò invano di applicare il metodo della parallasse annua alle stelle doppie.
36. Friedrich Wilhelm Bessel fu il primo a usare il metodo della parallasse per misurare la distanza di una stella nel 1838.
37. Gian Domenico Cassini, direttore dell'Osservatorio di Parigi, si occupò anche di topografia lunare e nel 1679 pubblicò una *Table pour le moyenne Libration & les Pleines Lunes*.

volito né l'arte espositiva, né la vena poetica che si nota nei lavori giovanili di Galileo. Così, volendo indicare i mutamenti prodotti sull'aspetto della Luna dalle variazioni della sua altezza, dirà: «La Luna scopre e nasconde per così dire i capelli della sua fronte e la parte del mento diametralmente opposto, cosa che si potrebbe chiamare *abbassare e alzare la faccia*». Volendo indicare le librazioni apparenti in ascensione retta, si esprime nei termini seguenti: «Potremmo dire che la Luna gira la testa a destra e a sinistra scoprendo e nascondendo alternativamente l'uno e l'altro orecchio».[38]

1638 – Discorsi e dimostrazioni matematiche intorno a due nuove scienze

Questo il titolo dell'opera che apparve per la prima volta a Leida nel 1638 e sulla quale Lagrange, nella sua *Mécanique analytique*, si esprime in questi termini:

> La dinamica è la scienza delle forze acceleratrici o ritardatrici, e dei moti vari che esse producono. Questa scienza si deve interamente ai moderni, e Galileo è quello che ne ha gettato i primi fondamenti. Prima di lui si erano considerate le forze che agiscono sui corpi solo in stato di equilibrio; e quantunque si potesse attribuire l'accelerazione dei gravi e i moti curvilinei dei proiettili solo all'azione costante della gravità, nessuno era ancora riuscito a determinare le leggi di questi fenomeni quotidiani, derivanti da una causa tanto semplice. Galileo ha fatto per primo questo passo importante, e ha aperto con ciò una strada nuova e immensa all'avanzamento della meccanica. Questa scoperta non procurò a Galileo, durante la sua vita, tanta celebrità quanto le scoperte che aveva fatto in cielo; ma costituisce oggi la parte più solida e reale della gloria di questo grande uomo. Le scoperte dei satelliti di Giove,

----

38. La lettera, indirizzata ad Alfonso Antonini, è del 20 febbraio 1638. Il passo autentico è: «Sì come dunque questo scoprire et ascondere nel nascere e tramontare, per modo di dire, parte de i capelli sopra la fronte e del mento diametralmente oppostogli, si può chiamare alzare et abbassar la faccia, così potremo chiamare girarla ora a destra et ora a sinistra, scoprendo et ascondendo alternatamente gli orecchi, che tali possiamo chiamare le parti opposte, quando ella si trova nel meridiano».

delle fasi di Venere, delle macchie del Sole, ecc. non richiedevano che un telescopio e della tenacia; ma ci voleva un genio straordinario per scoprire le leggi della natura nei fenomeni che erano ogni giorno sotto gli occhi, e la cui spiegazione era tuttavia sempre sfuggita alle ricerche dei filosofi» [Lagrange 1788, p. 273].

Galileo era dunque, come si vede, secondo il giudizio di Lagrange, un genio straordinario. I posteri hanno confermato questo giudizio, che non ha dato luogo ad alcuna controversia. È un privilegio degli uomini superiori quando esprimono un giudizio equanime sulle opere dei loro predecessori. "Genio straordinario" dovrebbe ormai essere la sola iscrizione da collocare sotto tutti i ritratti del grande filosofo fiorentino.

È anche nei *Dialoghi* che si trova la prima indicazione delle esperienze mediante le quali l'autore pensava di poter arrivare alla determinazione della velocità della luce. Ecco, riassunto, come descrive la cosa:

Voglio che due piglino un lume per uno, il quale, tenendolo dentro lanterna o altro ricetto, possino andar coprendo e scoprendo, con l'interposizion della mano, alla vista del compagno, e che, ponendosi l'uno incontro all'altro in distanza di poche braccia, vadano addestrandosi nello scoprire e occultare il lor lume alla vista del compagno, sì che quando l'uno vede il lume dell'altro, immediatamente scuopra il suo; la qual corrispondenza, dopo alcune risposte fattesi scambievolmente, verrà loro talmente aggiustata, che, senza sensibile svario, alla scoperta dell'uno risponderà immediatamente la scoperta dell'altro, sì che quando l'uno scuopre il suo lume, vedrà nell'istesso tempo comparire alla sua vista il lume dell'altro. Aggiustata cotal pratica in questa piccolissima distanza, pongansi i due medesimi compagni con due simili lumi in lontananza di due o tre miglia, e tornando di notte a far l'istessa esperienza, vadano osservando attentamente se le risposte delle loro scoperte e occultazioni seguono secondo l'istesso tenore che facevano da vicino; che seguendo, si potrà assai sicuramente concludere, l'espansion del lume essere instantanea: ché quando ella ricercasse tempo, in una lontananza di tre miglia, che importano sei per l'andata d'un lume e venuta dell'altro, la dimora dovrebbe esser assai osservabile. E quando si volesse far

tal osservazione in distanze maggiori, cioè di otto o dieci miglia, potremmo servirci del telescopio, aggiustandone un per uno gli osservatori
al luogo dove la notte si hanno a mettere in pratica i lumi; li quali, ancor
che non molto grandi, e per ciò invisibili in tanta lontananza all'occhio
libero, ma ben facili a coprirsi e scoprirsi, con l'aiuto de i telescopii già
aggiustati e fermati potranno esser commodamente veduti. [*Discorsi e
dimostrazioni matematiche,* 1638, *Giornata prima*]

Galileo racconta di aver fatto l'esperienza con i due osservatori a un miglio di distanza, e di non aver potuto apprezzare il tempo impiegato dalla
luce a percorrere il doppio di tale intervallo, ovvero due miglia. Le esperienze furono in seguito ripetute dai membri dell'Accademia del Cimento
su distanze molto maggiori, ma sempre con risultati negativi, cosa che si
comprende facilmente, quando si tenga presente che la luce percorre set-
tantasettemila leghe al secondo.[39]

Galileo spiega nella stessa opera come accade che il tempo di discesa
di un grave lungo il diametro verticale di un cerchio è lo stesso del tempo di
discesa lungo corde purché abbiano fine all'estremità del diametro verticale.
Dimostra anche che la discesa di un corpo lungo un arco di cerchio minore
di 90° è di durata minore del tempo impiegato dallo stesso corpo a percorrere la corda sottesa dall'arco,[40] «ciò che – dice – a un primo sguardo potrebbe
apparire come un paradosso, dato che l'arco è più lungo della corda».

Si trova nei *Dialoghi* [*Discorsi e dimostrazioni*, N.d.R.] di cui diamo qui
un'analisi così abbreviata, la prima idea del procedimento sperimentale
di cui Chladni, Savart e Wheatstone hanno ricavato tanto nelle loro osservazioni, e che consiste nell'esame delle linee nodali, secondo le quali si
dispongono le polveri sulla superficie di una piastra vibrante. Si trovano
anche idee molto giuste sul piacere che danno le risonanze musicali, e il
fastidio prodotto dalle dissonanze.[41]

----

39. Scrive Lorenzo Magalotti: «Noi in lontananza di un miglio (che per l'andar d'un
lume, e la venuta dell'altro vuol dir due) non ve l'abbiamo saputa ritrovare; se poi in distanza maggiore sia possibile l'arrivare a scorgervi qualche sensibile indugio, questo non
c'è per anche riuscito di sperimentare» [Magalotti 1667, p. 265].
40. Teorema 22, Proposizione 36 della *Giornata Terza* dei *Discorsi*.
41. Nella *Giornata prima* dei *Discorsi e dimostrazioni*, Salviati dice: «Penso che potrò dirvi

Il pendolo come regolatore degli orologi

Non possiamo dimenticare di parlare qui dell'applicazione del pendolo come regolatore degli orologi, invenzione di cui gli autori italiani hanno preteso di fare onore a Galileo a detrimento di Huygens, al quale questa scoperta è più generalmente attribuita. I nostri vicini si basano, per sostenere la loro opinione, sulla testimonianza di Viviani, celebre geometra e caro discepolo di Galileo.

Viviani scriveva nel 1673 al conte Magalotti, una lettera destinata a dimostrare che Galileo, già anziano, aveva pensato nel 1641 di servirsi di un pendolo per rendere uguali le oscillazioni di un orologio ordinario e che il figlio dell'immortale scienziato realizzò più tardi questa invenzione con un orologio costruito con le sue mani.[42] Ma, malgrado tutto il rispetto che si deve a delle affermazioni che portano la firma di Viviani, agli occhi di tutti gli uomini imparziali queste testimonianze non possono bilanciare i titoli pubblici che invoca a suo favore l'illustre geometra olandese.

Com'è possibile che un'invenzione di tale importanza sia rimasta ignorata per otto anni? Se si pretende che sia stata tenuta nascosta di proposito, ognuno comprenderà che una tale argomentazione potrebbe essere avanzata da tutti i possibili plagiari.

....

qualche mio pensiero sopra alcuni problemi attenenti alla musica, materia nobilissima, della quale hanno scritto tanti grand'uomini e l'istesso Aristotele, e circa di essa considerar molti problemi curiosi; talché se io ancora da così facili e sensate esperienze trarrò ragioni di accidenti maravigliosi in materia de i suoni, posso sperare che i miei ragionamenti siano per esser graditi da voi».

42. In risposta a una lettera di Huygens del 22 maggio 1673, riguardante la priorità nell'invenzione dell'orologio a pendolo, il principe Leopoldo (cardinale dal 1667) così si esprimeva nel 1673: «Per quello che risguarda all'invenzione del pendolo, con asserzione dettata da animo sincerissimo costantemente le affermo di credere, mosso da un forte verisimile, che a notizia di V.S. non sia per alcun tempo venuto il concetto, che sovvenne ancora al nostro Galileo, di adattare il pendolo all'oriuolo; poiché ciò era pochissimo noto, e l'istesso Galileo non avea ridotto all'atto pratico cosa veruna di perfetto a tal conto, come si vede da quel poco, che fu manipolato, e abbozzato dal figliuolo» [Fabroni 1773, pp. 223-224].

La bilancetta nella quale s'insegna a trovare la proporzione del misto dei due metalli insieme, colla fabbrica dell'istesso strumento

È un'opera postuma[43] che conferma i principi di tutti gli strumenti costruiti in seguito sotto il nome di "bilance idrostatiche"; ma non diremo altro a questo proposito, dato che queste bilance non hanno alcun rapporto diretto o indiretto con l'astronomia propriamente detta.

Le lettere dell'immortale filosofo

Non finiremmo più se volessimo citare tutte le lettere dell'immortale filosofo, nelle quali sono contenute osservazioni sottili e denotate dalla più grande sagacia, a proposito di diverse delicate questioni di astronomia. Gli uomini di studio considerano come una disgrazia essere costretti a cercare queste osservazioni sempre ingegnose in mezzo a dettagli che oggigiorno non hanno alcun interesse di una corrispondenza privata che riempie dieci volumi.

Per risparmiare agli altri la pena che mi sono preso io stesso, riporterò qui alcuni dei brani nei quali l'autore immortale in una parola ha chiarito questioni dibattute in quell'epoca, con il suo sguardo d'aquila, puntato sull'avvenire della scienza.

Galileo sperava che i moti delle stelle meglio osservate, si sarebbero aggiunti alle prove che si avevano, al tempo, del moto di traslazione della Terra; questa speranza è stata realizzata con la scoperta dell'aberrazione da parte di Bradley,[44] e dalle osservazioni della parallasse annua.[45]

Si trova in Galileo la prima idea del metodo messo in pratica da Assas Mondardier, vicino a Vigan, per la determinazione della parallasse annua delle stelle [Assas 1831]. «Lo spazio compreso fra Saturno e le stelle – dice

....

43. La prima edizione de *La bilancetta* fu pubblicata a Bologna nel 1656, ma l'opera risale al 1586, quando Galileo aveva 22 anni.
44. Il fenomeno dell'aberrazione della luce fu scoperto da James Bradley nel 1728 osservando la stella γ Draconis. [Rigaud 1832].
45. La parallasse annua venne osservata nel 1838 da Friedrich Wilhelm Bessel, direttore dell'osservatorio di Königsberg, sulla stella 61 Cygni.

Galileo da qualche parte – è forse popolato da pianeti invisibili». Le scoperte di Urano[46] e Nettuno[47] sono venute a confermare questa congettura dell'illustre astronomo italiano.

Ci si è sorpresi, e con ragione, di trovare il nome di Keplero negli scritti di Galileo solo a proposito della spiegazione del fenomeno delle maree, nella quale il grand'uomo sembrava disposto a far giocare un ruolo all'azione della Luna sulle acque dell'oceano. Perché non ci si perda nelle cause di questa dimenticanza, dirò che, citando il *Trattato* di Gilbert sul magnetismo,[48] Galileo ne ha parlato con la più grande considerazione, e ha detto: «È tanto grande da suscitare invidia».

Si vede in diverse lettere di Galileo che aveva compreso tutto l'interesse che ha il confronto delle intensità della luce emanata al centro e al bordo del Sole.[49] Esperienze dirette l'avevano condotto ad ammettere che queste intensità sono uguali. È a Galileo che dobbiamo il metodo ingegnoso, con il quale si possono eliminare, almeno in gran parte, i falsi raggi che sembravano aumentare i diametri delle stelle.[50] Le sue osservazioni fecero scomparire una delle più grandi difficoltà che sono state erette contro il sistema di Copernico. In una lettera in data 1637 trovo che il grande astronomo italiano aveva osservato un pianeta in pieno giorno.[51] Si

---

46. Urano venne scoperto nel marzo del 1781 da William Herschel (1738-1822) che, nei primi tempi, lo scambiò per una cometa.
47. Nettuno fu scoperto grazie ai calcoli di meccanica celeste di Urbain Le Verrier a Parigi e di John Couch Adams a Cambridge. Le osservazioni al telescopio che confermavano l'esistenza di un pianeta maggiore furono effettuate nella notte fra il 23 e il 24 settembre 1846, da Johann Gottfried Galle all'osservatorio di Berlino.
48. William Gilbert (1544-1603), medico di Elisabetta I e Giacomo I, pubblicò nel 1600 un trattato, *De magnete, Magneticisque Corporibus, et de Magno Magnete Tellure Physiologia Nova*.
49. Un riferimento al fenomeno del *limb darkening*.
50. Dice Galileo nel *Saggiatore*: «Quel fulgore ascitizio delle stelle non è realmente intorno alle stelle, ma è nel nostro occhio». E Salviati nella *Giornata Terza* del *Dialogo sopra i due massimi sistemi*: «[...] dico che gli oggetti risplendenti, o sia che il loro lume si refranga nella umidità che è sopra le pupille, o si rifletta ne gli orli delle palpebre, spargendo i suoi raggi reflessi sopra le medesime pupille, o sia pur per altra cagione, si mostrano all'occhio nostro circondati di nuovi raggi, e perciò maggiori assai di quello che ci si rappresenterebbero i corpi loro spogliati di tale irradiazione; e questo ingrandimento si fa con maggiore e maggior proporzione secondo che tali oggetti lucidi son minori e minori [...]».
51. Lettera di Galileo a Lorenzo Realio del 5 giugno 1637: «Seguitando col telescopio il

sa che le prime osservazioni di questo genere eseguite sulle stelle da Morin risalgono alla fine del mese di marzo 1635.[52]

Il 19 aprile 1611, Galileo pose categoricamente ai gesuiti del Collegio Romano delle domande tese a conoscere il loro pensiero sulle sue scoperte astronomiche.[53] I padri risposero che credevano all'esistenza dei satelliti di Giove, alla forma irregolare di Saturno, alle fasi di Venere, alla scoperta di una pluralità di stelle nelle nebulose e nella Via lattea; ma non pensavano che il biancore di quella regione fosse dovuto unicamente a un agglomerato di stelle. Quanto alle osservazioni della Luna, rimanevano in dubbio. Clavio, gli dissero, non crede alle irregolarità in altezza; suppone solo che le diverse parti dell'astro non riflettano la luce con la stessa intensità. Questa risposta è del 24 aprile 1611. Il cannocchiale di cui si servivano i padri gesuiti doveva essere ben mediocre perché potessero dubitare dell'esistenza di asperità e di cavità profonde sul corpo del nostro satellite.

Sulla questione di sapere se vi sono nei pianeti animali e vegetali simili a quelli che vediamo sulla Terra, Galileo si è sempre tenuto, a ragione, molto riservato. Così, in una lettera al principe Cesi, datata 25 gennaio 1613, dice: «Se mi viene chiesto, non rispondo né sì, né no».[54]

---

movimento di Giove, essi satelliti si vedono, la sera, innanzi, e la mattina, dopo, all'apparire o sparire delle fisse, e l'istesso Giove, seguitandolo col medesimo telescopio, si vede tutto il giorno, come anco Venere e gli altri pianeti e buona parte delle fisse».

52. Jean-Baptiste Morin (1583-1656), astronomo alla corte di Luigi XIV, nel 1635, grazie al perfetto puntamento del telescopio, riuscì a osservare la stella Arturo in pieno giorno.

53. Fu il cardinale Bellarmino a porre *categoricamente* cinque domande ai matematici del Collegio Romano il 19 aprile 1611: «Molto Rev. di Padri, so che le RR. VV. hanno notitia delle nuove osservationi celesti di un valente mathematico per mezzo d'un instrumento chiamato cannone overo ochiale; et ancor io ho visto, per mezzo dell'istesso instrumento, alcune cose molto maravigliose intorno alla Luna et a Venere. Però desidero mi facciano piacere di dirmi sinceramente il parer loro intorno alle cose sequenti: 1°, se approvano la moltitudine delle stelle fisse, invisibili con il solo ochio naturale, et in particolare della Via Lattea et delle nebulose, che siano congerie di minutissime stelle; 2°, che Saturno non sia una semplice stella, ma tre stelle congionte insieme; 3°, che la stella di Venere habbia le mutationi di figure, crescendo e scemando come la Luna; 4°, che la Luna habbia la superficie aspera et ineguale; 5°, che intorno al pianeta di Giove discorrino quattro stelle mobili, et di movimenti fra loro differenti et velocissimi».

54. In realtà, si tratta di un passo tratto dalla *Historia e dimostrationi intorno alle macchie solari e loro accidenti* (Roma, 1613): «[...] possa probabilmente stimare, nella Luna o in altro

Galileo parla della luce cinerea in una lettera scritta nel marzo 1640 al principe Leopoldo, che aveva visto la Luna sparire completamente durante un'eclisse. Faceva appello a questa osservazione per dimostrare, contro l'opinione del Liceti, che la Luna non brilla di luce propria. La spiegazione che Galileo diede della luce cinerea fu combattuta dal Liceti e da altri, dopo la scoperta di ciò che si chiama fosforo di Bologna, cioè di quel minerale (solfato di barite) che, dopo essere stato esposto alla luce, brilla a lungo nell'oscurità; e si pretendeva di attribuire a un fenomeno analogo questa luminosità secondaria che ci fa vedere la parte della Luna non illuminata dal Sole. Galileo respinse a lungo questa teoria, e soprattutto quella del Liceti, in una lettera al principe Leopoldo che Venturi ci ha conservato.[55]

Il cardinal Del Monte, dopo il soggiorno di Galileo a Roma, scriveva al granduca, il 31 maggio 1611, che le scoperte di Galileo erano state apprezzate e ammirate dai più sapienti della capitale, «[...] e se noi fussimo hora in quella Repubblica Romana antica – aggiungeva il cardinale – credo certo che gli sarebbe stata eretta una statua in Campidoglio, per honorare l'eccellenza del suo valore [...]».[56] Il cardinal Del Monte non figurerà tra i giudici di Galileo.

....

pianeta essere viventi e vegetabili diversi non solo da i terrestri, ma lontanissimi da ogni nostra imaginazione, io per me né lo affermerò né lo negherò, ma lascierò che più di me sapienti determinino sopra ciò, et seguiterò le loro determinatoni [...]».

55. Su sollecitazione di Leopoldo de' Medici, e con la collaborazione di Viviani, Galileo scrisse al "Gioiello" la sua ultima opera scientifica in risposta a Fortunio Liceti che in un suo saggio (*Litheosphorus, sive de lapide Bononiensi*, Udine 1640), aveva affermato essere la luce cinerea della Luna un fenomeno intrinseco della superficie lunare simile alla luminescenza della *pietra bolognese*, una sostanza a base di solfato di bario scoperta da un alchimista di Bologna. Galileo aveva già spiegato correttamente che la luce cinerea che talvolta illumina la parte oscura della Luna nei giorni successivi alla fase di Luna nuova, era luce del Sole riflessa verso la Luna dalla Terra. La stessa tesi venne decisamente ribadita, pur in termini cortesi, nella risposta al Liceti.

56. Il 31 maggio 1611 Francesco Maria del Monte scrive a Cosimo II: «Il Galileo, ne' giorni che è stato in Roma, ha dato di sé molta sodisfatione, e credo che anche esso l'habbia ricevuta, poi che ha hauto occasione di mostrare sì bene le sue inventioni, che sono state stimate da tutti li valent'huomini e periti di questa città non solo verissime e realissime, ma ancora maravigliosissime; e se noi fussimo hora in quella Republica Romana antica, credo certo che gli sarebbe stata eretta una statua in Campidoglio, per honorare

La seguente citazione, con la quale termineremo, dimostrerà che un uomo di genio è talvolta un uomo di spirito nel senso che si dà in Francia a questa espressione. Aristotele raccomandava ai suoi discepoli di non studiare le matematiche, forse perché Platone aveva scritto sul vestibolo della sua scuola: «Nessuno entri se non è geometra». Galileo trova questo precetto d'Aristotele molto saggio, «perché – dice – non vi è niente di tanto fatale per le teorie dello Stagirita, della geometria; ne scopre tutti gli errori e le trappole».[57]

Non ho parlato in questa biografia dei negoziati che Galileo stabilì effettivamente o cercò di stabilire con la corte di Spagna e gli Stati olandesi per la determinazione della longitudine in mare. Questi negoziati non arrivarono a buon fine. Le tavole dei satelliti di Giove, anche dopo gli sforzi di Renieri per perfezionarle, erano troppo inesatte perché vi si potesse trovare il modo di calcolare le longitudini. Aggiungiamo che, quand'anche le tavole fossero state perfette, non sarebbero servite alla determinazione delle longitudini in mare, dato che le osservazioni delle configurazioni o delle eclissi avrebbero richiesto l'impiego di cannocchiali con un potere di ingrandimento molto alto e che tali strumenti non si potrebbero usare su un'imbarcazione su un mare un po' agitato. Per dare al suo metodo l'esattezza necessaria, Galileo fece di persona e fece fare ai suoi allievi uno straordinario numero di osservazioni. Renieri, monaco olivetano, ne era il depositario. È stato detto che dopo la sua morte alcuni agenti dell'In-

---

l'eccellenza del suo valore».

57. Dice Simplicio nella *Giornata Prima* del *Dialogo*: «Queste (se io devo dire il parer mio con libertà) mi paiono di quelle sottigliezze geometriche, le quali Aristotile riprende in Platone, mentre l'accusa che per troppo studio della geometria si scostava dal saldo filosofare: ed io ho conosciuti e sentiti grandissimi filosofi peripatetici sconsigliar suoi discepoli dallo studio delle matematiche, come quelle che rendono l'intelletto cavilloso ed inabile al ben filosofare; instituto diametralmente contra a quello di Platone, che non ammetteva alla filosofia se non chi prima si fusse impossessato della geometria». Gli risponde Salviati: «Applaudo al consiglio di questi vostri Peripatetici, di distorre i loro scolari dallo studio della geometria, perché non ci è arte alcuna più accomodata per scoprir le fallacie loro; ma vedete quanto cotesti sien differenti da i filosofi matematici, li quali assai più volentieri trattano con quelli che ben son informati della comune filosofia peripatetica, che con quelli che mancano di tal notizia, li quali, per tal mancamento, non posson far parallelo tra dottrina e dottrina».

quisizione se ne siano impadroniti, ma non bisogna calunniare nessuno, neppure gli agenti dell'Inquisizione.[58]

Dal racconto che ne fa Nelli nella sua *Vita di Galileo*, fondato su una testimonianza di parenti dell'astronomo italiano, risulta che il saccheggio dello studio di Renieri si deve imputare a un certo cavalier Giuseppe Agostino Pisano, che era presente alla morte di Renieri e nelle mani del quale furono trovati l'orologio e il telescopio del monaco olivetano.[59]

Comunque sia di questa accusa, i manoscritti di Renieri rientrarono, non si sa bene quando e in che modo, nella Biblioteca di Firenze, detta Palatina, da dove sono stati estratti e pubblicati, nelle parti essenziali da Alberi, dopo aver dato luogo in Italia al dibattito più animato e meno cortese [Alberi 1846].

Non vi è modesto ingegnere o autore di manuali di fisica che non ci racconti questo aneddoto. Alcuni idraulici di Firenze, sorpresi del fatto che l'acqua non salisse mai nel vuoto al di sopra di 32 piedi, andarono a interpellare Galileo che diede la seguente risposta: «Ciò che vi meraviglia è estremamente semplice; la natura ha orrore del vuoto solo fino a 32 piedi».[60]

....

58. «[…] il Padre Renieri proseguì le sue osservazioni su i medesimi Pianeti di Giove fino all'anno 1648., in cui ancor esso mancò di vita. In questa congiuntura furono dallo Studio di quel Monaco involate non solo le Efemeridi, e le Tavole delle Medicee, che già aveva egli fatto vedere a' suoi Principi perfezionate, ed in ordine per imprimersi, ma eziandio diversi Manoscritti del Galileo a quelle relativi. Resta ignoto qual fosse l'Autore di questo erudito furto, poiché il Signor Vincenzo Viviani o per umano rispetto, o per altro fine stimò opportuno di tacerlo» [Nelli 1793, vol. I, p. 228].

59. «Quanto però ci narrano l'eruditissimo Signor Dottore Tommaso Perelli, e l'editore di Lettere Monsignore Fabbroni sia lontano da vero, comprendesi da una Lettera di Cosimo Nepote ex filio dell'immortale Galileo, in cui egli scrive da Pisa al Signor Vincenzio Viviani nel dì 4 Gennaio 1653, che il Cavaliere Giuseppe Agostini Pisano, il quale si era trovato presente alla morte del Padre Renieri, non solo possedeva il di lui Orologio, ed i suoi Telescopi, ma ancora gli scritti di quel Monaco Olivetano, i quali forse passarono alle mani di qualche barbaro, e saranno poscia miseramente periti» [Nelli 1793, vol. I, p. 229].

60. Galileo si occupò in varie opere del motivo per cui l'acqua aspirata dalle pompe non saliva oltre le 18 braccia fiorentine. Dice Sagredo nella *Prima Giornata* dei *Discorsi*: «Ed io mercé di questi discorsi ritrovo la causa di un effetto che lungo tempo m'ha tenuto la mente ingombrata di maraviglia e vota d'intelligenza. Osservai già una citerna, nella quale, per trarne l'acqua, fu fatta fare una tromba, da chi forse credeva, ma vanamente, di poterne cavar con minor fatica l'istessa o maggior quantità che con le secchie ordi-

I veri estimatori del genio di Galileo considerano questa come una battuta detta in un momento di allegria. Credo che si possa andare oltre e dichiararla apocrifa.[61] In effetti, non se ne trova traccia nei trattati autentici di Galileo. L'autore più antico che la ricorda è Pascal, nella prefazione del suo *Traité de l'équilibre des liqueurs*.[62] Si tratterebbe di un'autorità irrecusabile se Pascal si fosse reso conto dell'esattezza della proposizione attribuita a Galileo; ma lo cita solo come una cosa sentita dire. Ora, nessuno era più interessato dell'autore delle *Lettere provinciali* a riconoscere che la biografia degli uomini di genio non deve basarsi su dei "sentito dire".

È dal tempo della sua reclusione ad Arcetri che datano le più profonde pubblicazioni di Galileo. La perdita della vista sembrava aver aumentato l'acutezza intellettiva di questo genio immortale; ma la prudenza gli raccomandava di non divulgare i suoi pensieri, frutto delle sue solitarie rifles-

---

narie; ed ha questa tromba il suo stantuffo e animella su alta, sì che l'acqua si fa salire per attrazione, e non per impulso, come fanno le trombe che hanno l'ordigno da basso. Questa, sin che nella citerna vi è acqua sino ad una determinata altezza, la tira abbondantemente; ma quando l'acqua abbassa oltre a un determinato segno, la tromba non lavora più. Io credetti, la prima volta che osservai tale accidente, che l'ordigno fusse guasto; e trovato il maestro acciò lo raccomodasse, mi disse che non vi era altrimente difetto alcuno, fuor che nell'acqua, la quale, essendosi abbassata troppo, non pativa d'esser alzata a tanta altezza; e mi soggiunse, né con trombe, né con altra machina che sollevi l'acqua per attrazzione, esser possibile farla montare un capello più di diciotto braccia: e siano le trombe larghe o strette, questa è la misura dell'altezza limitatissima».

61. La spiegazione che Galileo dà del fenomeno nella *Giornata Prima* dei *Discorsi* non è affatto peregrina: «Ed io sin ora sono stato così poco accorto, che, intendendo che una corda, una mazza di legno e una verga di ferro, si può tanto e tanto allungare che finalmente il suo proprio peso la strappi, tenendola attaccata in alto, non mi è sovvenuto che l'istesso, molto più agevolmente, accaderà di una corda o verga di acqua. E che altro è quello che si attrae nella tromba, che un cilindro di acqua, il quale, avendo la sua attaccatura di sopra, allungato più e più, finalmente arriva a quel termine oltre al quale, tirato dal suo già fatto soverchio peso, non altrimente che se fusse una corda, si strappa?»

62. Nella prefazione del *Traité*, uscito postumo nel 1663, nella sezione dedicata all'*Histoire des expériences du vide*, si legge: «Galileo è colui che ha osservato per primo che le pompe aspiranti non potevano sollevare l'acqua oltre 32 o 33 piedi, e che il resto del tubo che si trovava più in alto rimaneva apparentemente vuoto. Ne aveva solamente tratto questa conseguenza: che la natura ha orrore del vuoto solo fino a un certo punto e che lo sforzo che fa per evitarlo è finito e può essere superato senza rendersi ancora conto della falsità del principio stesso».

sioni, sul sistema dell'universo. Desideroso di trasmettere i suoi lavori ai posteri, prese le più minute precauzioni perché il frutto della sua penosa vecchiaia non andasse totalmente perduto. Lasciò i suoi manoscritti a Viviani, suo discepolo e quasi figlio adottivo: precauzioni inutili, i preziosi manoscritti andarono perduti a causa delle maldestre precauzioni prese per nasconderne l'esistenza ai nemici del grande uomo. Tozzetti ha raccontato per quale caso straordinario alcuni di quei fogli straordinari furono ritrovati. Ecco il suo racconto:

> Nella primavera del 1739 il celebre dottor Lami e Nelli andavano a pranzo in una taverna, a Firenze, che portava l'insegna *Albergo del ponte*. Cammin facendo entrarono in una salumeria rinomata e qui acquistarono della mortadella che gli fu data avvolta in un foglio di carta. Arrivati in albergo, Nelli notò che il cartoccio della mortadella era una lettera di Galileo; la ripulì meglio che poté con il tovagliolo e la mise in tasca senza dire a Lami una sola parola del suo ritrovamento. Tornato in città, Nelli si recò dal salumiere il quale gli disse che acquistava spesso a peso delle carte simili a lettere da un domestico che non conosceva. Nelli ottenne tutte le carte che erano in possesso del salumiere e, dopo aver atteso per diversi giorni l'arrivo dello sconosciuto domestico, entrò in possesso, al prezzo di una considerevole somma, di quanto restava dei preziosi tesori che Viviani aveva nascosto novant'anni prima.[63]

I manoscritti erano tanti da riempire un grande baule. Tutti gli studiosi impareranno da questo aneddoto che il solo modo certo di conservare le loro opere è la *cassa* di uno stampatore.

....

63. Targioni Tozzetti 1780, XVI. *Qual esito abbiano avuto gli Scritti del Galileo*, p. 124.

Indice dei nomi

ACCADEMIA DEI LINCEI • È la più antica accademia del mondo. Federico Cesi, il fondatore, era un patrizio umbro-romano, appassionato studioso di scienze naturali, soprattutto di botanica. Per promuovere e coltivare questi studi naturalistici, egli fondò a Roma nel 1603 un sodalizio con tre giovani amici, l'olandese Joannes Heckius (italianizzato in "Ecchio"), il marchigiano Francesco Stelluti e l'umbro Anastasio de Filiis, denominando la loro compagnia come Accademia dei Lincei, per l'eccezionale acutezza di sguardo attribuita alla lince. Oggetto dell'Accademia, nel progetto del Cesi, erano le scienze della natura, da indagarsi con libera osservazione sperimentale, di là da ogni vincolo di tradizione e autorità. È questa la peculiarità che caratterizza fin dall'inizio l'Accademia dei Lincei nei confronti delle numerose altre accademie che si ispiravano alla tradizione arcadica in letteratura e aristotelico-tolemaica in filosofia. Quando, nel 1611, Galileo si recò a Roma sull'onda della celebrità acquistata con la pubblicazione del *Sidereus nuncius*, venne immediatamente invitato a far parte dell'Accademia. Il *Saggiatore* (1623), scritto da Galileo per rispondere alle opinioni espresse dal gesuita Orazio Grassi sull'origine e natura delle comete, è dedicato all'accademico Virginio Cesarini, e fu pubblicato a cura dell'Accademia.

AGUCCHI, GIOVAN BATTISTA [o Agocchi, Agucchia, Dalle Agocchie] (Bologna, 1570 - S. Salvatore, 1632) • Nunzio pontificio, uomo di lettere, membro della bolognese Accademia dei Gelati, fu anche cultore di matematica e di astronomia. Nel 1611 a Roma fu presentato dal matematico Luca Valerio, suo amico, a Galileo, col quale ebbe a discutere a lungo del sistema copernicano. Negli anni successivi ebbe con lo scienziato un nutrito scambio di lettere. Fu affascinato dallo studio delle macchie solari e dei Pianeti medicei, di cui determinò con grande approssimazione i periodi, sulla scorta del *Sidereus nuncius*, in un discorso accademico *Del Mezzo* inviato al Galilei. Nel 1618 scrisse anche un trattato *De cometis et de comete viso*, che, rimasto inedito, è andato perduto. Seguace del Galilei, l'A. ne sviluppò alcuni principi, giungendo a intuire anche l'esistenza delle fasce di Giove.

ARCHIMEDE (Siracusa, 287-212 a.C.) • Matematico e fisico, è considerato il maggiore scienziato dell'antichità. I suoi studi spaziano dalla geometria all'idrostatica, dall'ottica alla meccanica. Trovò il modo di calcolare il volume e la superficie della sfera e le leggi che regolano il galleggiamento dei corpi. Archimede scoprì e sfruttò i principi di funzionamento delle leve e il suo stesso nome è associato a numerose macchine e dispositivi, come la "vite di Archimede". Si racconta di strabilianti macchine da guerra da lui realizzate e messe in opera durante l'assedio di Siracusa da parte dei Romani. Tra le sue opere pervenute vi è *La misura del cerchio*, *La quadratura della parabola*, *Sulle spirali*, *L'arenario*. Grande scalpore suscitò, nel 1908, la scoperta di un'opera di Archimede che si riteneva perduta: *Il metodo nei problemi di meccanica*, che ha consentito di mettere in luce la tecnica seguita dal grande scienziato in alcune importanti scoperte geometriche.

ARISTOTELE (Stagira 384-383 a.C. - Calcide 322 a.C.) • Fu, con Socrate e Platone, uno dei più grandi pensatori dell'antichità e di tutti i tempi. La sua attività di ricerca è stata prodigiosa: ha affrontato studi di metafisica, fisica, biologia, psicologia, etica, politica, poetica, retorica e logica, discipline cui diede veste sistematica, creando una vera e propria "enciclopedia del sapere" che ha dominato la cultura occidentale sino al XVII secolo. Fu il primo a distinguere la metafisica dalla fisica. A questa ha dedicato diverse opere, tra cui *Fisica*, *Il cielo*, *Generazione e corruzione*, *Meteorologia*.

BACONE DI VERULAMIO | prop. *Francis Bacon* (Londra, 1561-1626) • Vissuto sotto il regno di Elisabetta I e Giacomo I Stuart, occupò alte cariche politiche sotto entrambe i sovrani. La sua opera più nota è il *Novum organum* (1620), che già nel titolo denuncia la volontà di opporsi al vecchio sistema di Aristotele. Questo avrebbe dovuto essere solo una parte di un'opera più ampia che non venne completata. Nel 1623 pubblicò una nuova parte, dedicata all'utilità e al progresso delle scienze dal titolo: *De dignitate et augmentis scientiarum*. Il pensiero di Bacone viene assunto come l'esposizione di un nuovo metodo di conoscenza che lo associa, con qualche differenza, a quello di Galileo e di Cartesio.

BANDINI, OTTAVIO (Firenze, 1557 - Roma, 1629) • Cardinale, studiò a Firenze, Parigi, Salamanca e Pisa, dove divenne dottore *utriusque iuris*. Pronunciò in San Lorenzo l'orazione funebre in onore del granduca di Toscana Cosimo I (1574). Dopo la morte di Sisto V, il Sacro Collegio lo elesse due volte prefetto del conclave e della Città Leonina, quando furono eletti Urbano VII e Gregorio XIV. Quest'ultimo nel 1596 lo nominò cardinale. Partecipò ai conclavi per l'elezione di Leone XI, Paolo V, Gregorio XV e Urbano VIII; nel 1606 rinunciò all'offerta fattagli da Paolo V del vescovato di Firenze in favore del nipote Paolo Strozzi. Ebbe, successivamente, i titoli cardinalizi di S. Lorenzo in Lucina (1615), di Palestrina (1621), di Porto e S. Rufina (1624) e di Ostia (1626).

BELLARMINO, ROBERTO, cardinale e santo (Montepulciano, 1542 - Roma, 1621) • Teologo gesuita, si distinse per aver combattuto nelle sue opere le dottrine protestanti. Divenuto cardinale, intervenne come consigliere di papa Paolo V (1605-1621) nelle principali questioni del tempo, come i processi a Galileo, Tommaso Campanella e Giordano Bruno. Nel 1611 Bellarmino domandò ai professori di matematica del Collegio Romano di esprimere il loro parere circa le novità celesti annunciate nel *Sidereus nuncius*. La risposta di Clavio (1538-1612) e dei suoi allievi si rivelò favorevole a Galileo, anche se non bastò a diradare i sospetti del cardinale. Nel 1616, Bellarmino fu protagonista del procedimento che portò alla sospensione del *De revolutionibus* di Copernico e all'ammonizione di Galileo. Il cardinale fu risoluto nel sostenere che l'opinione di Copernico potesse essere considerata solo come pura ipotesi matematica, ma laddove la si fosse voluta considerare vera in natura, avrebbe potuto «nuocere alla Santa Fede con rendere false le Scritture Sante».

BENEDETTI, GIAMBATTISTA (Venezia, 1530 - Torino, 1590) • Matematico allievo del Tartaglia. Nel 1554 pubblicò la *Demonstratio proportionum*, in cui prende in esame alcune questioni di meccanica in aperta polemica con Aristotele e alcuni suoi commentatori. Al principio della meccanica aristotelica, secondo il quale due corpi della stessa sostanza cadono con velocità proporzionali ai loro volumi, Benedetti oppose il teorema secondo il quale *corpora unius et eiusdem speciei, itidem et figuræ, æqualia invicem, vel inæqualia, in codem medio, per æquale spatium, in eodem tempore ferentur*, vale a dire che tutti i corpi cadono con la stessa velocità. Il nucleo di quello che divenne, alcuni decenni dopo, uno dei capisaldi della meccanica di Galileo.

BESSEL, FRIEDRICH WILHELM (Minden, 1784 - Königsberg, 1846) • Matematico, astronomo e geodeta. Nel 1810, all'età di 26 anni, fu nominato direttore dell'Osservatorio di Königsberg da Federico Guglielmo di Prussia. In quella veste lavorò a una raccolta di tavole relative alla rifrazione atmosferica che gli valse il Premio Lalande dell'Accademia di Francia. Bessel è ricordato, soprattutto, perché fu il primo a usare il metodo della parallasse per determinare, nel 1838, la distanza di una stella. Oltre a ottenere la determinazione della parallasse di 61 Cygni, le precise misurazioni permisero a Bessel di notare, anche, perturbazioni nei moti di Sirio che attribuì all'attrazione gravitazionale di una stella non visibile (stella "compagna"). Fu questa osservazione che condusse alla scoperta di Sirio B.

BOCCALINI, TRAJANO (Loreto, 1556 - Venezia, 1613) • Scrittore, vissuto per lungo tempo a Roma, al servizio della Chiesa, si trasferì a Venezia nel 1612, divenendo amico di Paolo Sarpi. Si considerava un "moderno menante", ossia una specie di giornalista attento alle questioni politiche, morali e letterarie. La sua opera principale sono i *Ragguagli di Parnaso*, divisi in tre centurie.

BOREL, PIERRE | lat. *Petrus Borellius* (n. 1620 ca. - m. 1671) • Chimico (o alchimista) francese, medico del re di Francia Luigi XIV, pubblicò un saggio dal titolo *De vero telescopii inventore cum brevi omnium conspicillorum historia* (1655). Nella prefazione afferma: «Idem accidit sæculo nostro de Conspicillorum, Astro-Scopiorom, seu Telescopii admirando invento. Galilæus enim, a Porta. Metius Drebbel & alii sibi illud tribunt, cum tamen a nemine eorum repertum fuerit».

BRADLEY, JAMES (Sherborne, 1693 - Chalford, 1762) • Astronomo inglese famoso soprattutto per aver scoperto, nel 1728, l'aberrazione stellare. Il fenomeno deriva dalla composizione della velocità della luce proveniente da una stella, con la velocità orbitale della Terra. Compì le sue prime osservazioni sotto la guida dello zio, il reverendo James Pound, anche lui astronomo di fama che fornì a Newton i dati osservativi per la conferma delle sue teorie. Nel 1742 succedette a Edmund Halley nella carica di Astronomo reale.

BRAHE, TYCHO (Scania, 1546 - Praga, 1601) • Avviato agli studî di giurisprudenza, passò a quelli astronomici, dopo aver osservato l'eclisse di Sole del 21 agosto 1560. L'11 novembre 1572 osservò l'apparizione di una *stella nova* in Cassiopea, fenomeno che seguì per tutta la sua durata, fino al marzo 1574, e a cui dedicò la sua opera. Avuta in dono (1576) da Federico II l'isola svedese di Ven nel Sund, vi costruì gli osservatorî *Uraniburgum* e *Stellæburgum* dove lavorò per oltre 20 anni assistito da numerosi allievi (Longomontano, Flemløs e altri). Osservò la cometa del 1577, e ne studiò compiutamente la traiettoria, formulò un suo sistema del mondo, nel quale i pianeti orbitano intorno al Sole che, a sua volta, è in orbita intorno alla Terra. Il sistema di Brahe venne ignorato da Galileo nella sua opera dedicata ai *Due massimi sistemi del mondo*. Brahe raccolse una messe ingentissima di osservazioni, che servirono poi a Keplero, che per un periodo fu suo assistente, per la compilazione delle *Tabulæ Rudolfinæ*, pubblicate nel 1627, e per la scoperta delle leggi che portano il suo nome.

BRONZINO | prop. *Agnolo di Cosimo di Mariano* (Firenze, 1503-1572) • È annoverato tra i più raffinati e mirabili pittori del manierismo fiorentino. Noto anche per essere stato uno dei più abili e incisivi ritrattisti della corte dei Medici nella Firenze tardo rinascimentale. Alla sua morte, Galileo aveva otto anni.

Bruno, Giordano (Nola, 1548 - Roma, 1600) • Domenicano, fu scrittore fecondo e filosofo. Tra le sue opere più importanti *La cena delle ceneri*, *De l'infinito universo e mondi*, pubblicate a Londra nel 1584. Per le sue opinioni giudicate eretiche, Bruno venne sottoposto a processo dalla Santa Inquisizione e condannato a morte.

Caccini, Tommaso, al secolo Cosimo (Firenze, 1574-1648) • Entrato giovanissimo nell'ordine dei domenicani, rivelò una forte tempra di predicatore. Viene ricordato soprattutto per la violenta campagna persecutoria e delatoria contro Galileo Galilei, condotta a fianco di un altro domenicano, fra Nicolò Lorini. Per quanto riguarda l'opinione che Galileo aveva dell'individuo, bastano le parole con cui descrive al segretario del granduca, Curzio Picchena, in una lettera del 16 febbraio 1616, un colloquio avuto con lui, proprio nei giorni del suo primo "esame" da parte del tribunale dell'Inquisizione:

> Hieri fu a trovarmi in casa quell'istessa persona, che prima costà da i pulpiti, e poi qua in altri luoghi, haveva parlato e machinato tanto gravemente contro di me: stette meco più di 4 hore, e nella prima mezz'hora, che fummo solo a solo, cercò con ogni summissione di scusar l'azzione fatta costà, offrendomisi pronto a darmi ogni satisfazione; poi tentò di farmi credere, non essere stato lui il motore dell'altro romore qui.

Campanella, Tommaso (Stilo, 1568 - Parigi, 1639) • Frate domenicano, è stato filosofo, teologo e poeta. Tra le sue opere più importanti, la *Philosophia sensibus demonstrata*, pubblicata a Napoli nel 1591 e il *De sensu rerum et magia*, iniziato a scrivere nel 1590, ma che riuscì a pubblicare solo nel 1590 a Francoforte. Una delle sue opere filosofiche di maggiore interesse è *La città del sole*, (1602) in cui descrive un'utopia politica. A causa delle sue idee filosofiche subì cinque processi da parte dell'Inquisizione e trascorse in carcere 27 anni della sua vita.

Capra, Baldassar (Milano, 1580-1626) • Viene ricordato per aver tentato attribuirsi la paternità del *compasso geometrico-militare* di Galileo. Questi lo denunciò alle autorità dell'Ateneo di Padova che istruirono un confronto diretto che portò alla conferma delle accuse di Galileo.

CARCAVY, PIERRE DE (Lione, 1603 ca. - Parigi, 1684) • Segretario della biblioteca reale sotto Luigi XIX, fu apprezzato studioso di matematica ed estimatore di Galileo. Consigliere del parlamento di Tolosa, vi conobbe Fermat, di cui divenne intimo. Dopo varie vicende, nel 1663 fu assunto come bibliotecario alla biblioteca reale di Parigi, dove lavorò fino alla morte. Amico e corrispondente, oltre che di Fermat, di Pascal di Huygens e di altri eminenti scienziati della sua epoca, il suo epistolario ha importanza eccezionale per la storia della matematica. Di lui parla Vincenzo Viviani in termini elogiativi:

> Il mentovato Ill.mo Signor de Carcavj (che oggi per la singolar sua dottrina, e pienissima erudizione in ogni Scienza, e Letteratura, soprantende alla Biblioteca Regia, ed è alla cura delle Medaglie della Maestà Cristianissima di Luigi il Grande mio Beneficentissimo, e Clementissimo Signore) nel trovarsi allora (1637) in Firenze, come devoto al gran nome di Galileo, e come delle Matematiche intendentissimo, si portò più volte in Arcetri per godere de' sapienti colloquj di quello, e tra gli altri onori che gli fece S. Signoria Illustrissima, cortesemente se gli offerse, e spesso per lettere lo confermò di voler fare stampare a sue proprie spese in un sol volume tutte l'opere di lui fin'allora pubblicate e l'altre ancora che egli avesse da pubblicare. [*Quinto Libro degli Elementi di Euclide, ovvero Scienza Universale delle Proporzioni spiegata colla dottrina del Galileo*, Firenze, 1674, p. 81]

CARDANO, GIROLAMO (Pavia, 1501 - Roma, 1576) • Matematico, medico e astrologo, figura paradigmatica di sapiente del Rinascimento. Le sue opere costituiscono il nerbo della biblioteca di Don Ferrante nel capitolo XXVII de *I promessi sposi* di Manzoni:

> Per eccezione però, dava luogo nella sua libreria a que' celebri ventidue libri *De subtilitate*, e a qualche altr'opera antiperipatetica del Cardano, in grazia del suo valore in astrologia; dicendo che chi aveva potuto scrivere il trattato *De restitutione temporum et motuum cœlestium*, e il libro *Duodecim geniturarum*, meritava d'essere ascoltato, anche quando spropositava; e che il gran difetto di quell'uomo era stato d'aver troppo

ingegno; e che nessuno si può immaginare dove sarebbe arrivato, anche
in filosofia, se fosse stato sempre nella strada retta.

CARLO DE' MEDICI (Firenze, 1595 - Montughi, 1666) • Figlio del granduca
Ferdinando I de' Medici e Cristina di Lorena, fu nominato cardinale da
papa Paolo V, nel concistoro del 2 dicembre 1615.

CARTESIO | prop. *René Descartes* (La Haye, 1596 - Stoccolma, 1650) • È
considerato il fondatore della moderna filosofia della scienza. Il suo ra-
zionalismo ha dominato in Europa (ma non in Inghilterra) tra il XVII e il
XVIII secolo. Della sua sterminata produzione ci limiteremo a ricordare
il saggio *Discours de la méthode pour bien conduire sa raison, et chercher la verité dans
les sciences plus la dioptrique, les meteores, et la geometrie qui sont des essais de cete
methode* pubblicato, in forma anonima, a Leida nel 1637, nel quale espone
i fondamenti della nuova filosofia e ne esemplifica l'applicazione alle scienze naturali. Nel campo della matematica è da ricordare che nella *Geometrie*,
Cartesio espone i fondamenti di quella che è nota come *Geometria analitica*.

CASSINI, GIOVANNI DOMENICO (Perinaldo, 1625 - Parigi, 1712) • Matematico, astronomo, ingegnere, di origini liguri, divenne cittadino francese nel
1673. Dopo aver insegnato astronomia all'Università di Bologna, si trasferì a Parigi dove assunse la carica di direttore dell'Osservatorio. Jacques
Cassini era suo figlio e César François Cassini – entrambe astronomi – suo
nipote. Domenico scoprì quattro satelliti di Saturno: Giapeto nel 1671,
Rea nel 1672, Dione e Teti nel 1684 (Titano era stato osservato da Huygens nel 1655). Scoprì l'interruzione degli anelli di Saturno che oggi è
nota come *Divisione di Cassini*. Negli stessi anni osservò per primo la Grande macchia rossa sulla superficie di Giove.

CASTELLI, BENEDETTO, al secolo Antonio (Brescia, 1578 - Roma, 1643) •
Monaco benedettino, matematico e fisico. Occupò il primo posto tra i
collaboratori di Galilei che lo definì «huomo adornato d'ogni scienza e
colmo di virtù, religione e santità». Fu professore all'Università di Pisa e
si dedicò principalmente agli studi di idraulica, scienza della quale fu uno
dei fondatori. Durante gli anni di Pisa conobbe Bonaventura Cavalieri,

prodigiosamente versato in geometria, lo introdusse presso Galileo e lo avviò all'insegnamento. Urbano VIII lo chiamò a Roma come professore alla Sapienza e in questa posizione curò gli interessi di Galileo. Ricchissimo e di grande interesse il carteggio tra Castelli e il grande Maestro. Tra le sue opere maggiori, si ricorda il trattato *Della misura delle acque correnti*, pubblicato a Roma nel 1628.

CESI, FEDERICO (Roma, 1586 - Acquasparta 1630) → ACCADEMIA DEI LINCEI

CHIARAMONTI, SCIPIONE (Cesena, 1565-1652) • Dopo la laurea in filosofia a Ferrara nel 1592, venne chiamato a insegnare filosofia naturale a Perugia. Fu consigliere e matematico alla corte di Modena e, dal 1627 al 1636 titolare della cattedra di filosofia all'Università di Pisa. Rimasto vedovo, prese l'abito sacerdotale dei cappuccini. Inflessibile seguace della tradizione aristotelico-tolemaica, Chiaramonti fu autore di diverse opere tese a combattere le teorie astronomiche di Tycho Brahe, Keplero e Galilei. La sua opera più nota è l'*Antitycho*, pubblicata nel 1621, che già dal titolo rendeva esplicito il rifiuto dell'autore per il modello di Tycho Brahe. A questa rispose adeguatamente Keplero quattro anni dopo con *Tychonis Brahei dani hyperaspistes, adversus Scipionis Claramontii Anti-Tychonem* (Difesa di Tycho Brahe contro l'*Antitycho* di Scipione Chiaramonti). Galileo lo cita con rispetto nel *Saggiatore* (1623); ma esprime compiutamente il suo giudizio nella *Giornata seconda* del *Dialogo sopra i due massimi sistemi* (1632), laddove lo presenta come uno dei riferimenti culturali di Simplicio:

> SIMP. Credo che sentirete cose di maggior polso, perché quest'è filosofo consumatissimo, e anco gran matematico, e ha confutato Ticone in materia delle comete e delle stelle nuove.
> SALV. È egli forse l'autor medesimo dell'*Antiticone*?
> SIMP. È quello stesso: ma la confutazione contro alle stelle nuove non è nell'*Antiticone*, se non in quanto e' dimostra che elle non erano progiudiziali all'inalterabilità e ingenerabilità del cielo, sì come già vi dissi: ma doppo l'*Antiticone*, avendo trovato per via di parallasse modo di dimostrare che esse ancora son cose elementari e contenute dentro al concavo della Luna, ha scritto quest'altro libro: *De tribus novis stellis etc.*,

e inseritovi anco gli argomenti contro al Copernico. Io l'altra volta vi produssi quello ch'egli aveva scritto circa queste stelle nuove nell'*Anticone*, dove egli non negava che le fussero nel cielo, ma dimostrava che la lor produzione non alterava l'inalterabilità del cielo, e ciò facev'egli con discorso puro filosofico, nel modo ch'io vi dissi; e non mi sovvenne di dirvi come di poi aveva trovato modo di rimuoverle dal cielo, perché, procedendo egli in questa confutazione per via di computi e di parallassi, materie poco o niente comprese da me, non l'avevo lette, e solo avevo fatto studio sopra queste instanze contro al moto della Terra, che son pure naturali.

L'opera a cui fa cenno Simplicio porta il lungo titolo *De tribusnovis stellis quæ... 1572, 1600, 1604 comparuere libri tres, in quibus demonstratur, rationibus ex parallaxi præsertim ductis, stellas eas fuisse sublunares et non celeste adversus Tychonem, Gemmam, Mestlinum, Digesseum, Santucium, Keplerum aliosque plures quorum rationes in contrarium solvuntur*, stampata a Cesena nel 1628.

CIAMPOLI, GIOVANNI (Firenze, 1589 - Jesi, 1643) • Sacerdote della curia romana, fu poeta e umanista. Studiò a Pisa e a Padova e divenne estimatore e intimo amico di Galileo. Grazie a questi, che ne era membro illustre, nel 1618 fu chiamato a far parte dell'Accademia dei Lincei. Nel 1621 fu nominato Segretario dei Brevi da Gregorio XV e nel 1623 divenne Cameriere segreto di Urbano VIII, che aveva conosciuto quando Maffeo era Cardinale Legato a Bologna. Ebbe anche l'incarico onorifico e remunerato di storiografo ufficiale del re di Polonia. Fu in corrispondenza epistolare con i grandi ingegni del tempo: Ippolito Aldobrandini, Federigo Borromeo, Giovambattista Strozzi, Evangelista Torricelli. Esercitò la sua influenza presso la Santa Sede affinché venisse data a Galileo l'autorizzazione a pubblicare il *Dialogo sopra i due massimi sistemi*. Le vicende che ne seguirono, fino al processo del 1633, gli costarono l'emarginazione all'interno della curia romana.

CIGOLI | prop. *Lodovico Cardi* (Cigoli, 1559 - Roma, 1613) • Pittore, scultore e architetto, fu attivo nel periodo di passaggio dal manierismo al barocco. Lavorò a Parigi e, negli ultimi anni della sua vita a Roma, durante il pontificato di papa Paolo V Borghese. Fu compagno di studi e grande amico di Galileo.

CIOLI, ANDREA (Cortona, 1573 - Firenze, 1641) • Ottenne la cittadinanza fiorentina nel 1611. Entrato al servizio di Ferdinando I come aiuto di Belisario Vinta, alla morte del granduca divenne segretario di Cristina di Lorena, che lo tenne sempre in grande considerazione. Per testamento di Cosimo II fu eletto nel consiglio di reggenza durante la minore età di Ferdinando II. Nel 1626 divenne senatore e fino alla morte, fu segretario del granduca. In questa veste Andrea Cioli seguì tutte le fasi del processo di Galileo, facendosi portavoce del volere di Ferdinando II, il quale, pur dovendo sottostare ai dettami del Sant'Uffizio, tentò di favorire in ogni modo il matematico e filosofo del Granducato.

CLAVIO, CRISTOFORO (Bamberga, 1538 - Roma, 1612) • Gesuita, astronomo, nel 1579 fu chiamato da papa Gregorio XIII a far parte della commissione istituita allo scopo di studiare un nuovo calendario, che entrò in vigore nel 1582. Per giustificare la riforma del calendario, Clavio scrisse nel 1595 una *Novi calendarii romani apologia*. Tra Clavio, che rimase per tutta la vita oppositore del modello copernicano, e Galileo vi fu un confronto di idee che durò per molti anni. Clavio non produsse risultati particolarmente originali in matematica, ma la sua figura fu ugualmente fondamentale poiché, con una propria versione degli *Elementi* di Euclide (1574) e con l'*Algebra* (1608) diede impulso agli studi di matematica, tanto che il suo nome viene citato con venerazione sia da Descartes che da Leibnitz.

CONTI, CARLO, cardinale (Roma, 1550 ca. - 1615) • Uomo di discreta cultura e di viva curiosità intellettuale, ebbe rapporti epistolari con Galileo. Nell'aprile del 1610, all'uscita del *Sidereus nuncius*, Galileo gliene inviò una copia che il cardinale fece pervenire ad Altobelli, matematico e astronomo. Interrogato a proposito della conciliabilità delle scoperte di Galileo con le Sacre Scritture, Conti diede un parere interlocutorio, ma non chiuso alla possibilità che si potesse giungere a una interpretazione conforme ai dogmi. Per quanto concerne il moto della Terra, così si espresse in una lettera diretta a Galileo il 7 luglio 1612:

Quanto poi al moto della Terra et del Sole, si trova che de due moti della Terra puol essere questione: l'uno de' quali è retto, et fassi dalla mutatione del centro della gravità; et chi ponesse tal moto, non direbbe cosa alcuna contro la Scrittura, perché questo è moto accidentario alla Terra: et così la notò Lorino sopra il primo recto dell'Ecclesiastico. L'altro moto è circolare, sì che il cielo stii fermo et a noi appare moversi per il moto della Terra, come a' naviganti appare moversi il lido; et questa fu opinione di Pittagorici, seguitata poi dal Copernico, dal Calcagnino et altri, et questa pare meno conforme alla Scrittura: perché, se bene quei luoghi dove se dice che la Terra stii stabile et ferma, si possono intendere della perpetuità della Terra, come notò Lorino nel luogo citato, nondimeno dove si dice che il Sole giri et i cieli si movono, non puole havere altra interpretatione la Scrittura, se non che parli conforme al comun modo del volgo; il qual modo d'interpretare, senza gran necessità non si deve ammettere. Nondimeno Diego Stunica [Diego de Zuñiga, frate spagnolo agostiniano, N.d.R.] sopra il nono capo di Giobbe, al versetto sesto, dice essere più conforme alla Scrittura moversi la Terra, ancor che comunemente la sua interpretatione non sia seguita. Che è quello si è potu[to] trovare fin hora in questo proposito; se bene quando V.S. desideri di havere altra chiarezza d'altri luoghi della Scrittura, me lo avisi, ché gli lo mandarò.

COPERNICO, NICCOLÒ | prop. *Mikolaj Kopernik* (Toruń, 1473 - Frombork, 1543) • Fu autore del celebre *De revolutionibus orbium cælestium*, pubblicato a Norimberga nel 1543. Ebbe le prime nozioni di astronomia all'Università di Cracovia (1491). In seguito si trasferì in Italia dove studiò diritto a Bologna e a Ferrara. Nel 1497, durante un soggiorno a Roma, osservò un'eclissi di Sole e tenne lezioni di astronomia e matematica. Si laureò a Ferrara nel 1503 in diritto canonico e qui si pensa abbia letto scritti di Platone e Cicerone intorno alle opinioni degli antichi sul moto della Terra. Tornato nella città natale, divenne membro del Capitolo di Warmia, interessandosi di riforme del sistema monetario. Nel 1516 ricevette dal Capitolo l'incarico di amministratore delle terre attorno alla città di Olsztyn e in tale veste si interessò di questioni di catasto e di fisco. Nel castello di Olsztyn, dove passò quattro o cinque anni, fece alcune osservazioni importanti e scrisse una parte del *De revolutionibus*. Nel 1542 il matematico Retico, che lo aveva raggiunto tre anni prima, pubblicò, col nome di Copernico, un trattato di trigonometria che venne poi incluso nel secondo libro del *De revolutionibus*, e fece pressioni sul maestro perché desse alle stampe il suo lavoro. Questo vide la luce nel 1543, il giorno stesso della morte del suo autore. Il trattato, che descrive il sistema solare nel sistema di riferimento del Sole, posto al centro delle orbite dei pianeti, Terra compresa, uscì con una premessa anonima che informa il lettore che si tratta di una descrizione matematica, che non ha la pretesa di descrivere la realtà (*ex supposizione*). L'opera venne considerata pericolosa dal tribunale dell'Inquisizione, durante la prima istruttoria a carico di Galileo nel 1616, e compresa nell'*Index librorum prohibitorum* fino a opportuna correzione (*suspendendos esse, donec corregantur*).

CORESIO, GIORGIO (n. ? - m. ?) • Nativo dell'isola di Chio, titolare dell'insegnamento della lingua greca nello Studio di Pisa dal 1609 al 1615. Dovette lasciare la cattedra quando si scoprì che professava la religione greca scismatica o, più probabilmente, in seguito ai disturbi psichici dai quali fu colpito. Scrisse, in polemica con Galileo, una *Operetta intorno al galleggiare dei corpi solidi*, pubblicata a Firenze nel 1612.

COSIMO II DE' MEDICI, granduca di Toscana (Firenze, 1590-1621) • Salito al potere nel 1609, subì nei primi anni l'ascendente della madre Cristina di Lorena e del ministro Belisario Vinta. Fautore di una politica d'equilibrio tra Francia e Spagna fu, peraltro, costretto a dare frequenti aiuti militari (1614) e finanziari agli spagnoli, soprattutto durante la guerra di successione di Mantova. Potenziò la marina mercantile e quella da guerra. Protettore ed estimatore di Galileo, nel 1611 lo richiamò da Padova a Firenze. «Al Serenissimo Cosmo Medices II, Magno Hætruræ Duci IIII» è dedicato il *Sidereus nuncius* dove, nella dedicatoria, si spiega che

> quattro Stelle riservate al vostro inclito nome e non del numero gregario e meno insigne delle fisse, ma dell'ordine illustre dei Pianeti che con moto diverso, attorno a Giove nobilissima Stella, come progenie sua schietta, compiono l'orbita loro con celerità mirabile, e nello stesso tempo con unanime concordia compiono tutte insieme ogni dodici anni grandi rivoluzioni attorno al centro del mondo, cioè al Sole.

CREMONINI, CESARE (Cento, Ferrara, 1550 - Padova, 1631) • Dal 1590 docente di filosofia naturale nell'ateneo di Padova. Amico e collega di Galileo fino al 1610, quando questi fece ritorno a Firenze, ebbero opinioni radicalmente diverse in fatto di astronomia e fisica, in quanto Cremonini si mantenne sempre su posizioni di rigoroso peripatetico.

CRISTINA DI LORENA, granduchessa di Toscana (Bar-le-Duc 1565 - Firenze, 1636) • Figlia di Carlo III di Lorena e di Claudia di Francia, nel 1589 andò sposa al granduca di Toscana Ferdinando I de' Medici. Profondamente religiosa, fondò in Toscana numerosissimi conventi e, morto il marito (1609), contribuì a purificare la corte dai vizî che vi si erano introdotti. Politicamente l'opera della granduchessa fu nefasta: già cattiva ispiratrice della politica del figlio Cosimo II, fu la principale responsabile della colpevole debolezza del consiglio di reggenza del nipote Ferdinando II dopo la morte del figlio. A lei Galilei indirizzò una famosa lettera (1615) che riguarda i rapporti tra la Sacra Scrittura e i problemi della nuova scienza.

CUSA (NICOLA CUSANO) | prop. *Nikolaus Krebs von Kues* (Kues, 1401 - Todi, 1464) • Cardinale, teologo, filosofo, umanista, giurista, matematico e astronomo. È la più compiuta personalità filosofica del XV secolo, in cui si accumulò tutto il sapere del suo tempo. La sua influenza sull'età successiva è stata straordinariamente forte; nella storia delle scienze si ravvisano tracce della sua opera nella geografia, matematica, fisica, cosmologia (in Keplero). La sua opera più famosa è *De docta ignorantia* (1440) che, in tre libri, tratta di Dio, dell'universo e di Cristo, termine di congiunzione tra l'universo e Dio. Nel 1436 propose una correzione del calendario che influenzò la riforma gregoriana del 1582. Il suo metodo sperimentale (*De staticis experimentis*, 1450) diede spunti duraturi ai fisici delle generazioni successive e i suoi studi sul problema della quadratura del cerchio lo portarono a usare un metodo che coincide in sostanza col metodo degli isoperimetri.

DE' DOMINIS, MARCANTONIO (Arbe, Isola del Carnaro, 1560 - Roma, 1624) • Arcivescovo cattolico, teologo e scienziato. Educato nei collegi gesuiti di Loreto e di Padova, nel 1602 venne nominato arcivescovo di Spalato e poi primate di Dalmazia e Croazia, si schierò con la repubblica di Venezia e con le posizioni di Paolo Sarpi in occasione dello scontro detto dell'Interdetto. Nel 1617 abbandonò la Chiesa cattolica e, trasferitosi in Inghilterra, si fece anglicano. Nel 1619, curò a Londra la pubblicazione della *Historia del Concilio tridentino* di Paolo Sarpi, a cui aggiunse un sotto-titolo antiromano e una dedica a Giacomo I. Guastatisi i rapporti con la Chiesa anglicana, lasciò l'Inghilterra e, alla metà del 1622, giunse a Roma dove fece pubblica ammenda delle sue eresie. Ottenne anche che il papa gli concedesse una pensione. Ma con l'elezione al soglio di Urbano VIII, le cose cambiarono e venne imprigionato a Castel S. Angelo. La morte, sopravvenuta nel 1624, non bastò a fermare il procedimento giudiziario per eresia. Fu condannato e il suo corpo dato alle fiamme insieme alle sue pubblicazioni. Tra le numerose opere di teologia ve ne sono anche due di carattere scientifico. La prima è di ottica (il *Tractatus de radiis visus et lucis in vitris, perspectivis et iride*, pubblicata a Venezia l'anno dopo il *Sidereus nuncius*) e la seconda espone una teoria delle maree attribuite all'influenza della Luna (*Euripus, seu de fluxu et refluxu maris sententia*, pubblicata nel 1624 con dedica al cardinale Francesco Barberini). È interessante osservare che si tratta di due temi di cui si occupò approfonditamente lo stesso Galileo il quale, nel *Dialogo sopra i due massimi sistemi* (1632), fa cenno all'opera del De' Dominis e ne parla con disprezzo. Infatti, la teoria delle maree di Galileo prescinde dall'ipotizzare influenze lunari e le interpreta come dovute alla combinazione dei moti della Terra.

DELAMBRE, JEAN-BAPTISTE (Amiens, 1749 - Parigi, 1822) • Grande astro-nomo e matematico, fu avviato agli studi di astronomia da Lalande. Fu incaricato, insieme a Pierre Méchain, della misura dell'arco di meridiano di Parigi, da Dunkerque a Barcellona. L'impresa, che lo tenne impegnato dal 1792 al 1799, gli valse l'ammissione al Bureau des Longitudes. Nel 1807 succedette al maestro Lalande nella cattedra di astronomia al Col-lège de France. È autore di una monumentale *Histoire de l'astronomie, en 3 parties (ancienne, moderne et du moyen âge)* in cinque volumi, pubblicata fra il 1817 e il 1827. Al Delambre si deve il ritrovamento di alcuni dei verbali degli interrogatori di Galileo durante l'istruzione del processo. Particolar-mente significativo quello del 30 aprile 1633, relativamente al quale viene riportata una dichiarazione di Galileo:

Avendo io riflettuto alle domande che mi sono state fatte intorno all'ordine datomi (a) di non sostenere, difendere, né insegnare *quovis modo* la
detta opinione ora condannata, pensai di rileggere il mio libro, che non
avea più veduto da tre anni in qua, a fine di osservare, se contro le mie
intenzioni le più pure, mi fossero mai sortite dalla penna cose onde si
potesse argomentare taccia di disubbidienza, o altro oggetti che des-
ser luogo ad imputarmi il disegno di contravvenire agli ordini di Santa
Chiesa: ed avendolo minutamente esaminato; applicandomivi, per non
averne da lungo tempo fatto uso, come ad uno scritto nuovo e d'altro
autore. Confesso liberamente che mi è sembrato in più luoghi esteso in
maniera, che il lettore il quale non mi conosce bene potrebbe averne
motivo di inferire, che gli argomenti avanzati come del partito falso, e
il quale ho avuto intenzione di confutare, son enunziati in modo tale
che la loro forza impegnerebbe piuttosto ad accettarli, invece di lasciare la scelta libera. Due particolarmente; l'uno nelle macchie del Sole,
l'altro del flusso e riflusso del mare, entrano con apparato di forza e di
vigore straordinario nelle orecchie del lettore, più di quello che sembra convenire all'autore, il quale li tiene per inconcludenti, e vorrebbe
rigettarli; come difatti nel mio interno e per verità gli ho stimati e gli
stimo ancora come inconcludenti, e suscettibili di confutazione. E per
scusarmi fra me stesso d'esser caduto in un errore così lontano dalla mia
propria intenzione, non mi restringo solamente a dire che nell'esporre
gli argomenti della parte avversa, quando si à la volontà di confutarla,
si deve, soprattutto scrivendo in dialogo, attenersi alla forma più esatta,
e non asconderli a danno dell'avversario; non contento dico d'una tale
scusa ricorro a quella della compiacenza naturale che ciascuno à per le
proprie sottigliezze, e la voglia di mostrarsi più acuto del comune degli
uomini coll'inventare per le proposizioni false speciosi ed ingegnosi discorsi di probabilità. Però, quantunque io sia come Cicerone *avidior glo-
riæ quam satis sit*, s'io avessi a mettere in campo le medesime ragioni, non
vi è dubbio ch'io non le snervassi in tal maniera, ch'esse non avrebbero
più l'apparenza di forza, della quale elleno essenzialmente e realmente
sono mancanti. Il mio errore dunque è stato, e debbo confessarlo, una
pura ignoranza ed una inavvertenza. Per maggior prova, che non ho tenuto e non tengo per vera la sopraddetta opinione del movimento della

Terra e della stabilità del Sole, sono pronto a farne, se mi viene accordato, una più grande dimostrazione. L'occasione attuale è la più favorevole; poiché nel libro già pubblicato gli Interlocutori sono d'accordo di trovarsi insieme dopo un certo tempo per discorrere intorno a diversi problemi fisici separati dal soggetto trattato nelle loro conferenze; e siccome io debbo aggiungervi una giornata o due, prometto di riassumere gli argomenti già dati in favore di detta opinione falsa e condannata, e di rifiutarli nella maniera più efficace che Dio m'inspirerà. [Venturi 1818-1821, vol. II pp. 197-199]

D'ELCI, ARTURO PANNOCCHIESCHI (n. ? - m. ?) • Provveditore dell'Università di Pisa dal 1608 al 1614. Sembra sia stato autore delle *Considerazioni del Sig. Galileo Galilei intorno alle cose che stanno in su l'acqua o che in quella si muovono*, pubblicate a Pisa nel 1612, a firma di un non meglio identificato Accademico Incognito. D'Elci, estensore della dedicatoria, affermava di aver tradotto dal latino «nel nostro idioma» un testo redatto da un «autore per ancora incognito».

DELLA PORTA, GIAMBATTISTA (Vico Equense, 1535 - Napoli, 1615) • Luminoso esempio di ingegno multiforme, è stato filosofo, alchimista, commediografo e scienziato. Autore di un famoso trattato sulla fisiognomica (*De humana physiognomonia*, Vico Equense, 1586). Fu amico e corrispondente di Tommaso Campanella e, durante un soggiorno a Venezia, conobbe Paolo Sarpi. Nel 1593 a Padova incontrò Galileo. Nel Seicento la sua fama era legata soprattutto a un manuale di crittografia, il *De furtivis literarum notis*, pubblicato nel 1563, nel quale descrive il primo esempio di sostituzione poligrafica cifrata con accenni al concetto di sostituzione polialfabetica. Tra le iniziative del Della Porta vi fu l'Academia Secretorum Naturæ per appartenere alla quale era necessario dimostrare di aver effettuato una nuova scoperta scientifica nell'ambito dei fenomeni naturali. Sospettata di occuparsi di magia, l'accademia venne chiusa nel 1579 e Della Porta fu indagato dall'Inquisizione. Gli venne tuttavia concesso di continuare gli studi di scienze naturali. Nel 1610 fu invitato a far parte dell'Accademia dei Lincei, appena fondata da Federico Cesi. Rivendicò senza troppa convinzione, la sua priorità nell'invenzione del telescopio, resa nota in quegli anni da Galileo, anch'egli membro dell'Accademia dal 1611, anno successivo alla pubblicazione del *Sidereus nuncius*. L'opera maggiore del Della Porta è *Magiæ naturalis sive de miracoli rerum naturalium*, pubblicata nel 1584. Pubblicò anche un trattato di ottica (*De refractione optices*, 1589), di agricoltura (*Villæ*, 1592), di astronomia (*Cælestis physiognomoniæ* 1601), di idraulica e matematica (*Pneumaticorum*, 1602), di arte militare (*De munitione*, 1606), di meteorologia (*De aeris transmutationibus*, 1609), e di chimica (*De distillatione*, 1610). Un'opera sulla lettura della mano (*Chirofisonomia*), scritta nel 1581, venne pubblicata solo molto dopo la sua morte nel 1677.

DELLE COLOMBE, LUDOVICO (Firenze, 1565-1616) • Letterato e filosofo aristotelico, è ricordato soprattutto come strenuo avversario di Galileo. Nel 1606 scrisse un discorso sulla *stella nova* apparsa nel 1604, sostenendo che si trattava non di una nuova stella, ma esistente da sempre. Subito dopo la pubblicazione del *Sidereus nuncius* (1610) scrisse un discorso *Contro il moto della Terra*. Per conciliare le osservazioni di Galileo sulle irregolarità della superficie lunare con la concezione aristotelica della perfetta sfericità dei corpi celesti sostenne che gli spazi tra i monti della Luna fossero in realtà colmati da un materiale invisibile.

DEL MONTE, GUIDOBALDO marchese (Pesaro, 1545 - Monbaroccio, 1607) • Si può considerare un vero precursore di Galileo. Avendo intrapreso nel 1564 gli studi di matematica presso l'Università di Padova, vi strinse amicizia con Torquato Tasso che dedicò all'amico un sonetto dal titolo *Misurator di corpi celesti*. Negli anni immediatamente successivi prestò servizio come soldato, combattendo in Ungheria al servizio degli Asburgo. Al termine della guerra tornò agli studi di meccanica e matematica, astronomia e ottica. Il *Liber mechanicorum* (1577) è considerato il più importante lavoro di statica dai tempi dei classici greci. Molto del lavoro contenuto nel libro rappresentò la base per gli ulteriori studi di Galileo. Da segnalare in proposito è un esperimento sulle traiettorie dei proiettili, ideato da Del Monte e molto simile a quello che compare nei *Discorsi* di Galileo. Guidobaldo fu estimatore e protettore del giovane Galileo e quando questi fu vittima di una macchinazione di Giovanni de' Medici, figlio di Ferdinando, e dovette far domanda per un incarico presso l'Università di Padova, l'intervento del marchese Del Monte fu fondamentale. Oltre a lavori matematici, Del Monte si dedicò anche a opere di astronomia e ottica, come il *Planisphæriorum universalium theorica* (1579), i *Perspective libri sex* (1600), e il *Problematum astronomicorum* (1609 postumo). Tra gli interessi di Del Monte va ricordato quello per gli strumenti e le macchine.

DI GRAZIA, VINVENZO (n.? - m. ?) • Professore di filosofia all'Università di Pisa. Nel 1613, in risposta al *Discorso intorno alle cose che stanno in su l'acqua*, pubblicò le *Considerazioni di M. Vincenzio di Grazia sopra il discorso del Signor Galileo Galilei intorno alle cose che stanno su l'acqua*, Firenze 1613, in cui attaccava le tesi galileiane da posizioni di ortodossia peripatetica.

DINI, PIETRO monsignor (Firenze, ? - Fermo, 1625) • Fu membro e console dell'Accademia della Crusca. Nell'aprile del 1611 insieme a uno zio cardinale e a un ristretto cerchio di prelati, poté assistere, nei giardini del Quirinale, alle dimostrazioni di Galileo intorno alle macchie solari. Ebbe inizio in questo periodo un'amicizia con lo scienziato pisano che contribuì a ravvivare in lui gli interessi di natura scientifica da sempre coltivati. Consapevole di avere un interlocutore capace di intendere le ragioni scientifiche del suo operare, il Galilei, il 16 febbraio 1615 scrisse al Dini, divenuto referendario apostolico, un'accorata lettera di denuncia della campagna diffamatoria, messa in atto da alcuni padri domenicani, nei suoi confronti. In questa lettera, Galileo chiese a Dini di far pressione su padre Cristoforo Grienberger, professore di matematica nel Collegio Romano, e di far giungere al cardinal Bellarmino le prove della sua ortodossia religiosa. Questa fu la prima lettera di un breve, ma intenso carteggio che ebbe termine quando Dini si rese conto di non poter nulla contro le forze in campo. Nel 1621 venne nominato vescovo di Fermo da papa Gregorio XV.

DIODATI, ELIA (Ginevra,1576 - Parigi, 1661) • Avvocato e giurista, apparteneva a una famiglia calvinista di Ginevra, dove si era trasferita da Lucca. Trasferitosi a Parigi, esercitò la professione di avvocato del Parlamento. Intorno al 1620, durante uno dei suoi viaggi in Italia, conobbe Galileo con il quale rimase in contatto attraverso un intenso carteggio e curando per suo conto delicate questioni. Contribuì alla diffusione del pensiero di Galileo, mantenendo rapporti epistolari con i maggiori esponenti della cultura europea, come Grozio o Mersenne. Fu il primo in Francia a ricevere il *Dialogo sopra i due massimi sistemi del mondo* (1632) e ne promosse la traduzione latina a cura di Mathias Bernegger. Si adoperò anche per mettere Galileo in contatto con Lodewijk Elzevir che, nel 1638, pubblicò a Leida la prima edizione dei *Discorsi e dimostrazioni matematiche intorno a due nuove scienze*. Il legame con Galileo, non si esaurì con la morte di questi: Diodati rimase infatti in contatto con Vincenzo Viviani al quale fece avere del materiale autografo per il progetto, poi naufragato, di un'edizione dell'opera omnia di Galileo.

DIODATI, GIOVANNI (Ginevra, 1576-1649) • Teologo, apparteneva alla nobile famiglia Diodati, di origini lucchesi, convertitasi al calvinismo. Fu professore di lingua ebraica a Ginevra, pastore e professore di teologia. Nel 1607 tradusse la Bibbia in italiano e nel 1644 in francese. La versione italiana fu considerata dal protestantesimo italiano la versione ufficiale fino a quando apparve la cosiddetta *riveduta* nel 1924.

DREHEL | prop. *Cornelius Jacobszoon Drebbel* (Alkmaar, 1572 - Londra, 1633) • Si formò come incisore. Solo casualmente si avvicinò ai fondamenti dell'ottica e alla costruzione di telescopi. Divenne abilissimo nella molatura delle lenti e nella loro disposizione. Nel 1604 Drebbel, su invito del nuovo re Giacomo I, si trasferì in Inghilterra, dove esplicò la sua abilità nella organizzazione delle feste di corte, lavorando alla fabbricazione delle maschere necessarie per le feste. Strinse amicizia con il principe erede al trono Henry Stuart, principe del Galles. Nel 1610 Drebbel fu invitato a Praga alla corte dell'imperatore Rodolfo II d'Asburgo. Dopo la morte di questi, nel 1612, Drebbel tornò a Londra e riprese a lavorare per la corte nell'ambito dei fuochi d'artificio e degli esplosivi. Negli stessi anni realizzò alcune macchine sottomarine.

FABRICIUS, JOHANN (Resterheve, Bassa Sassonia, 1587 - Marienhafe, 1615) • Astronomo, insieme a suo padre David, osservò, mediante il cannocchiale, le macchie solari e ne dette per primo pubblica notizia (1611). Galileo aveva osservato le macchie solari già nell'estate del 1610, ma pubblicò la scoperta solo nel 1613. Johann pubblicò i risultati delle sue osservazioni in un libretto di 22 pagine dal titolo: *De maculis in Sole observatis, et apparente earum cum Sole conversione, narratio…* Nella loro disputa sulla priorità della scoperta sia Galileo che padre Scheiner ignorarono la pubblicazione di Fabricius, probabilmente perché nessuno dei due ne era a conoscenza.

FERDINANDO II DE' MEDICI (Firenze, 1610-1670) • Fu granduca di Toscana dal 1621 alla morte. Figlio di Cosimo II e di Maria Maddalena d'Austria, perse il padre all'età di 11 anni. Il governo, affidato alla reggenza della madre e della nonna paterna, Cristina di Lorena, condusse il Granducato a una progressiva decadenza. Ferdinando coltivò anche interessi scientifici e fu generoso nei confronti di Galileo e dei suoi discepoli Torricelli e Viviani. Diede anche un personale contributo al miglioramento del termometro. Nel 1642 fondò la Sperimentale Accademia Medicea e fu protettore dell'Accademia del Cimento, promossa dal fratello Leopoldo nel 1657, prima società scientifica europea di carattere sperimentale. Nel 1654 inaugurò il primo servizio meteorologico del mondo con l'ausilio del gesuita Antinori. L'amore per la scienza non bastò a evitare a Galileo (che era suo suddito) il processo del 1633.

FILIIS, ANGELO DE' (n. 1583 – m. 1624) • Bibliotecario dell'Accademia dei Lincei, scrisse la lettera dedicatoria e la prefazione alle *Lettere sulle macchie solari* di Galileo.

FILOLAO DI CROTONE (Crotone, 470 a.C. - Tebe, 390) • Filosofo, astronomo e matematico della scuola pitagorica, fu il primo a proporre un modello non geocentrico. Gli viene attribuita la formalizzazione del ruolo del numero nei modelli fisici con la proposizione: «Tutte le cose conosciute posseggono un numero e nulla possiamo comprendere e conoscere senza di questo».

FLUDD, ROBERT | lat. *Robertus de Fluctibus* (Milgate House, 1574 - Londra, 1637) • Medico, alchimista e cultore di teosofia. Fu autore del trattato *Utriusque Cosmi, maiores scilicet et minores, metaphysica, physica atque technica hi-*

storia (1617), dove il «mondo più grande» e il «mondo più piccolo» che questa «storia» proclama di trattare sono il grande mondo dell'universo e il piccolo mondo dell'uomo. Nelle sue opere mise insieme esoterismo religioso, cabala e osservazioni sperimentali. Membro del Royal College of Physicians e ammiratore di Paracelso, fu molto vicino alla setta dei Rosacroce, come testimonia una sua *Apologia compendiaria fraternitatem de Rosea Cruce suspicioni set infamis maculis aspersam*, del 1616.

FOSCARINI, PAOLO ANTONIO (Montalto Uffugo, 1565 ca. - 1616) • Frate carmelitano, fu professore di teologia a Napoli e, dal 1608, padre provinciale della Calabria. La sua opera maggiore, uscita a Napoli nel 1615, è la *Lettera sopra l'opinione de' Pittagorici, e del Copernico, della mobilità della Terra e stabilità del Sole, e del nuovo Pittagorico Sistema del Mondo*, con la quale intendeva dimostrare che la rotazione e la rivoluzione della Terra non fossero in contrasto con le Sacre Scritture. L'opera, rivolta principalmente «alli dottissimi Signor Galileo Galilei e Signor G. Keplero», oltre che «a tutta la illustre e virtuosissima Accademia de' Signori Lincei», intendeva «accordare molti luoghi della Scrittura» con la concezione copernicana e «interpretarli (non senza fondamenti teologici e fisici) in modo tale che non gli contradicano affatto» dal momento che

> il commune Sistema del Mondo dichiarato da Tolomeo, non ha dato mai a pieno soddisfazione a i dotti, si è sempre sospettato anco da gl'istessi, che lo seguirono, che qualche altro fusse il più vero: perciocché con questo comune, quantunque si salvino tutti i Fenomeni, e le apparenze, che risultano da corpi Celesti, nondimeno si salvano con innumerabili difficoltà, e rappezzamenti di Orbi (e questi di varie forme, e figure) di Epicicli, di Equanti, di Deferenti, di Eccentrici, e di mille altre imaginationi, e Chimere, che hanno più tosto del puro ipotizzare, che realtà alcuna, tra le quali imaginationi vi è quella del moto ratto, della quale non so se si può ritrovare cosa meno fondata, e più controvertibile, e facile ad oppugnarsi, e a confutarsi, e così quella di varij Cieli senza stelle, che muovano gl'inferiori.

Un tentativo destinato a fallire nell'anno in cui a Galileo venne intimato l'avvertimento; infatti il libro fu condannato nel 1616 dal tribunale della Santa Inquisizione.

GALILEI, LIVIA, figlia secondogenita di Galileo e Marina Gamba (Padova, 1601 - Arcetri, 1634) • Nel 1617 prese i voti nel convento di San Matteo in Arcetri, dove il padre l'aveva fatta entrare assieme alla sorella Virginia alcuni anni prima, assumendo il nome di Arcangela. Di lei non sono rimaste testimonianze dirette, ma è spesso citata nelle lettere della sorella maggiore a Galileo. A differenza di Virginia, Livia non si adeguò alla vita monastica in modo sereno. Le frequenti malattie e indisposizioni sono probabilmente frutto del suo rifiuto della rigida vita del convento. Anche se non rimane traccia certa di un livore nei confronti di Galileo, è probabile che le dure condizioni di vita a San Matteo abbiano scavato una distanza fra Livia e il padre, che il tempo non bastò a colmare.

GALILEI, VINCENZIO, figlio di Galileo (Padova, 1606 - Firenze, 1649) • Terzo e ultimo figlio di Galileo e Marina Gamba. Si interessò di meccanica e fu autore di versi d'amore. Riconosciuto dal padre, si laureò a Pisa in giurisprudenza nel 1628 e l'anno successivo sposò Sestilia Bocchineri di Prato. Dal matrimonio nacquero tre figli: Carlo, Cosimo e il primogenito Galileo che visse con il nonno, durante l'epidemia di peste mentre Vincenzio e la moglie si erano rifugiati (1630) a Montenurlo per scampare al contagio. Grazie alle conoscenze del padre, ottenne nel 1631 la cancelleria di Poppi, dalla quale venne trasferito a Montevarchi e infine alla cancelleria della Zecca di Firenze. Collaborò con l'Accademia del Cimento nella costruzione di un orologio secondo le indicazioni di Galileo.

GALILEI, VINCENZIO, padre di Galileo (Santa Maria a Monte, 1520 - Firenze, 1591) • Suonatore di liuto, compositore e teorico musicale. Autore di un importante *Dialogo della musica antica e della moderna* (1581), in cui proponeva il ritorno alla monodia, in contrapposizione all'allora imperante polifonia. Tra gli anni 1570 e il 1580 si dedicò a studi sperimentali sulle consonanze e dissonanze che gettarono le basi sulle quali si sviluppò la musica barocca.

GALILEI, VIRGINIA, figlia primogenita di Galileo e Marina Gamba (Padova, 1600 - Arcetri, 1634) • Il giorno della sua nascita, il padre stese di suo
pugno un oroscopo, nel quale delineò i tratti principali del carattere della
figlia e gli influssi dei pianeti che ne avrebbero segnato lo sviluppo. I caratteri predetti da Galileo (zelo, sensibilità e devozione) si manifestarono
davvero nella personalità di Virginia, così come emerge dalle 124 lettere
al padre pervenute fino a noi. Grazie a conoscenze altolocate lo scienziato
riuscì a far accettare entrambe le figlie prima del tempo, a soli 13 anni
contro i 16 previsti, nel convento di San Matteo in Arcetri, dove Virginia
prese i voti nel 1616. La spiritualità francescana e la collocazione fuori le
mura della città resero il convento di San Matteo particolarmente indicato
per le esigenze di Galileo. Le nuove monache, infatti, erano accolte con
una dote piuttosto bassa, rispetto ai più ricchi conventi cittadini. Virginia
col tempo, a differenza della sorella minore, si rivelò adatta alla vita che
le era stata imposta; dalle lettere, infatti, non trasparì mai un rimpianto o
una rivendicazione: al contrario si rivolse sempre al padre con espressioni
di grandissimo affetto. La prima lettera a Galileo, di cui è rimasta traccia,
datata 10 maggio 1623, fu scritta in occasione della morte dell'amatissima
zia Virginia, sorella di Galileo, dalla quale la figlia dello scienziato aveva
preso il nome. Dal 1623 al 1634, anno della sua morte, Virginia ebbe con
il padre una fitta corrispondenza, che fu di conforto per ambedue. Il 3
ottobre 1633 scriveva al padre:

> Non vorrei già che dubitassi di me, che per tempo nessuno io sia per
> lasciar di raccomandarla con tutto il mio spirito a Dio benedetto, perché
> questo mi è troppo a cuore e troppo mi preme la sua salute spirituale e
> corporale. E per dargliene qualche contrassegno, gli dico che ho procu-
> rato e ottenuto grazia di vedere la sua sentenza, la lettura della quale, se
> bene per una parte mi dette qualche travaglio, per l'altra hebbi caro di
> haverla veduta, per haver trovato in essa materia di poter giovar a V.S.
> in qualche pocolino, il che è con l'addossarmi l'obligo che ha ella di re-
> citar una volta la settimana li Sette Salmi; et è già un pezzo che comin-
> ciai a sodisfare, e lo fo con molto mio gusto, prima perché mi persuado
> che l'orazione, accompagnata da quel titolo di obedire a S.ta Chiesa,
> sia assai efficace, e poi per levar a V.S. questo pensiero. Così havess'io

potuto supplire nel resto, ché molto volentieri mi sarei eletta una carcere assai più stretta di questa in che mi trovo, per liberarne lei […]

L'affetto e la stima di Galileo per la figlia trova eco nelle amare parole che rivolge all'amico Diodati, nella lettera che gli scrive per dargli notizia della sua morte il 25 luglio del 1634 in cui la definisce «donna di esquisito ingegno, singolar bontà et a me affezzionatissima».

GASSENDI, abate | prop. *Pierre Gassend* (Champtercier, 1592 - Parigi, 1655) • Filosofo, teologo, matematico e astronomo. Proclamato dottore in teologia nel 1614, ricevette gli ordini sacri due anni dopo e fu nominato professore di retorica presso l'Università di Aix-en-Provence. Trasferito a Parigi, insegnò matematica e filosofia dal 1645 e per alcuni anni astronomia al Collège de France. Ebbe uno scambio epistolare con Galileo al quale confidò gli studi che conduceva sulle macchie solari, le eclissi lunari, le comete e la topografia della Luna. Fu il primo a fornire una spiegazione del fenomeno dell'aurora boreale. Nel 1631 osservò il transito di Mercurio davanti al disco solare.

GHERARDINI, BACCIO (Firenze, fine XVI sec. - Fiesole, 1620) • Vescovo di Fiesole. Galileo ne parla in una lettera a Pietro Dini del 16 febbraio 1615, a proposito del modello eliocentrico:

Ma quello che è più degno di considerazione, la prima lor mossa contro questa oppinione fu il lasciarsi metter su da alcuni miei maligni che gliela dipinsero per opera mia propria, senza dirli che ella fosse già 70 anni fa stampata; e questo medesimo stile vanno tenendo con altre persone, nelle quali cercano d'imprimer sinistro concetto di me: e questo gli va succedendo in modo tale, che, sendo pochi giorni sono arrivato qua Monsignor Gherardini, vescovo di Fiesole, nelle prime visite a pien popolo, dove si abbatterono alcuni amici miei, proruppe con grandissima veemenza contro di me, mostrandesi gravemente alterato, e dicendo che n'era per far gran passata con Loro Altezze Serenissime, poi che tal mia stravagante oppinione ed erronea dava che dire assai in Roma; e forse avrà a quest'ora fatto il debito, se già non l'ha ritenuto l'essere

destramente fatto avvertito, che l'autore di questa dottrina non è altra-
mente un Fiorentino vivente, ma un Tedesco morto, che la stampò già
70 anni sono, dedicando il libro al Sommo Pontefice.

GHERARDINI, NICCOLÒ (Firenze, 1604-1678) • Canonico del Duomo di Firenze. Ultimo del ramo fiorentino dell'antica e nobile famiglia dei Gherardini di Montagliari, imparentato con Urbano VIII. Conobbe Galileo
proprio in occasione del processo del 1633. Relegato che questi fu nella
villa di Arcetri, per stargli vicino si fece assegnare alla chiesa di S. Mar-
gherita a Montici, nelle vicinanze. Tornato a Roma dopo la morte di Galileo, si stabilì definitivamente a Firenze come canonico del Duomo e, negli
anni 1653-1654, scrisse una *Vita del signor Galileo Galilei* a cui attinse anche
Viviani, per il periodo padovano. Suor Maria Celeste, il 15 ottobre 1633,
scriveva al padre:

> Il Sig.r Gherardini fu qui pochi giorni sono per visitar S.r Elisabetta sua
> parente, e fece chiamar ancor me per darmi nuove di V.S. Dimostra di
> esserle restato affezionato grandemente; e mi disse che da poi in qua che
> ha parlato con lei è restato con l'animo quieto, dove che prima era tutto
> sospeso e irresoluto ne i suoi affari.

GIANSENIO | prop. *Cornelius Otto Jansen* (Acquoy, 1585 - Ypres, 1638) •
Teologo e vescovo cattolico, è ritenuto il fondatore del giansenismo, una
dottrina dichiarata eretica dalla Chiesa, dopo la sua morte. Fu docente
di Sacre Scritture a Lovanio e poi rettore dell'università, condusse una disputa contro i teologi calvinisti in difesa di Cartesio. Nel 1626, su incarico
dell'università, si recò in Spagna, ma l'ostilità del potente ordine dei Gesuiti lo costrinse, dopo appena un anno, a rientrare. Nel 1636 fu nominato
vescovo di Ypres in Belgio, dove morì a causa della peste. Nel 1654, Blaise
Pascal entrò a far parte dei "solitari" dell'Abbazia di Port Royal, laici de-
diti alla meditazione e allo studio, la cui vita era ispirata all'insegnamento
di Giansenio.

GIOVANNI DE' MEDICI (Firenze, 1567 - Murano, 1621) • Figlio naturale di
Cosimo I ed Eleonora Albrizzi, ebbe con Galileo rapporti ambivalenti in

almeno due occasioni: nel 1589, dopo averlo raccomandato per un posto all'Università di Pisa, entrò in contrasto con lui, a proposito di una macchina idraulica da lui stesso progettata per la costruzione di un edificio pubblico (a Pisa o a Livorno); anche in seguito a questi dissapori, nel 1591 Galilei si trasferì all'Università di Padova. Nuove tensioni insorsero poi in occasione della disputa sui corpi galleggianti, che ebbe luogo a Firenze nel 1611.

GRASSI, ORAZIO (Savona, 1583 - Roma, 1654) • Gesuita, studiò filosofia, teologia e matematica nel Collegio Romano avendo come docenti Cristoforo Clavio e Christoph Grienberger. Nominato nel 1616, tenne la cattedra di matematica al Collegio di Roma fino al 1628. Fu anche architetto – suo il progetto della chiesa di S. Ignazio adiacente al Collegio – ma la sua fama è legata principalmente alla disputa con Galileo circa la natura delle comete. La disputa ebbe origine dall'apparizione di tre comete nel 1618. All'inizio del 1619 il Grassi pubblicò il *De tribus cometis anni 1618 disputatio astronomica publice habita in Collegio Romano Societatis Iesu*, sostenendovi che la terza cometa apparsa l'anno prima era un corpo celeste privo di luce propria e orbitante circolarmente in una traiettoria posta tra la Luna e il Sole. A questo libro si oppose pochi mesi dopo a Firenze il *Discorso delle comete* firmato da Mario Guiducci ma scritto da Galilei, che sostenne la tesi che le comete fossero addensamenti di vapori terrestri illuminati dal Sole. Grassi replicò in ottobre col trattato *Libra astronomica ac philosophica qua Galilæi Galilæi opiniones de cometis a Mario Guiduccio in Florentina Academia expositæ*, pubblicato sotto lo pseudonimo di Lotharius Sarsius Sigensanus (anagramma di Horatius Grassius Savonensis). Il titolo del libro deriva dal fatto che il suo scopo era di soppesare le teorie proposte sull'origine di questi fenomeni celesti, con particolare attenzione alla tesi di Tycho Brahe, il cui sistema cosmologico era apprezzato dalla Compagnia di Gesù. Il *Saggiatore* di Galileo, pubblicato nel 1623 con il patrocinio dell'Accademia dei Lincei (di cui Galileo era membro) fu la risposta al libro di Grassi-Sarsi: il termine "saggiatore" indicava la bilancia di precisione, contrapposta alla comune libra. Nel *Saggiatore* Galileo confutava la teoria di Brahe e ribadiva la propria, facendo nel contempo intendere di apprezzare l'atomismo, a proposito della natura corpuscolare della luce. Grassi attese qualche anno prima di rispondere pubblicamente al *Saggiatore* con la *Ratio ponderum et simbellæ* (1627), ma prima reagì depositando una denuncia anonima contro Galileo al tribunale dell'Inquisizione per le tesi atomistiche contenute nel *Saggiatore*. L'indagine venne condotta da ecclesiastici filogalileiani e la denuncia dimenticata. Tuttavia, ebbe un ruolo importante nel 1633, quando Galileo venne nuovamente accusato di atomismo. Questa volta i potenti protettori non riuscirono a evitargli il processo, anche se la sola accusa pubblica fu quella di copernicanesimo.

GRIENBERGER, CHRISTOPH (Hall, 1564 - Roma, 1636) • Entrò nell'ordine dei Gesuiti nel 1580. Allievo di Cristoforo Clavio, e suo successore alla cattedra di matematica al Collegio Romano, Grienberger fu inizialmente scettico circa l'esistenza dei Pianeti medicei, che considerava frutto di un'allucinazione; ma, dopo aver compiuto ripetute osservazioni con un telescopio di grande precisione, ne riconobbe la veridicità. Assieme al maestro e ad altri due padri gesuiti nel 1611, su sollecitazione del cardinal Bellarmino che chiedeva chiarimenti in merito, sottoscrisse una dichiarazione in cui venivano confermate le conclusioni galileiane. L'anno successivo il matematico gesuita pubblicò un catalogo stellare dal titolo *Catalogus veteres affixarum longitudines conferens cum novis* (Roma, 1612) nel quale lodava l'utilizzo del telescopio per le osservazioni celesti nella persona del suo alfiere. Nel 1619, dopo la reazione di Galileo alla *Disputatio astronomica* (Roma, 1619) del gesuita Orazio Grassi riguardante tre comete apparse l'anno prima, il matematico gesuita avrebbe desiderato stendere una risposta contro Galileo pienamente solidale con la posizione del Grassi, basata sul sistema cosmico di Tycho Brahe e, come emerse successivamente, fatta propria da buona parte del Collegio Romano. In una lettera scritta all'amico Diodati dall'esilio di Arcetri il 25 luglio 1634, quindi un anno dopo la condanna, così Galileo si esprimeva a proposito di Grienberger:

> Da questo e da altri accidenti, che troppo lungo sarebbe a scrivergli, si vede che la rabia de' miei potentissimi persecutori si va continuamente inasprendo. Li quali finalmente hanno voluto per sé stessi manifestarmisi, atteso che, ritrovandosi uno mio amico caro circa due mesi fa in Roma a ragionamento col P. Christoforo Grembergero, Giesuita, Mathematico di quel Collegio, venuti sopra i fatti miei, disse il Giesuita

all'amico queste parole formali: «Se il Galileo si havesse saputo mantenere l'affetto dei Padri di questo Collegio, viverebbe glorioso al mondo e non sarebbe stato nulla delle sue disgrazie, e harebbe potuto scrivere ad arbitrio suo d'ogni materia, dico anco di moti di Terra, etc.»: sì che V.S. vede che non è questa né quella opinione quello che mi ha fatto e fa la guerra, ma l'essere in disgrazia dei Giesuiti.

GRISELINI, FRANCESCO, nato Greselin (Venezia, 1717 - Milano, 1787) • Naturalista e botanico, nel 1760 entrò in una polemica politico-religiosa contro alcuni pubblicisti della curia romana, circa l'eterodossia di Paolo Sarpi. Griselini, in difesa del servita, scrisse una discussa biografia del frate, cioè le *Memorie anecdote spettanti alla vita, ed agli studi del sommo Filosofo, e Giureconsulto F. Paolo Servita*, pubblicata a Losanna nel 1760, che fu una risposta puntuale alle tesi dei gesuiti, fondata su un'ampia ricerca documentaria. La polemica sulla biografia sarpiana fece di Griselini un esponente dell'Illuminismo veneto.

GUICCIARDINI, PIERO (Firenze, 1560-1626) • Nel maggio 1611, subentrando a Giovanni Niccolini, fu eletto da Cosimo II ambasciatore ordinario alla corte di Roma, dove rimase fino al 1621. Un momento di particolare interesse nella corrispondenza del Guicciardini è rappresentato dal resoconto del viaggio di Galileo a Roma, nel dicembre 1615, per difendere le sue teorie sul moto dei corpi celesti. Il Guicciardini informava il granduca che era assolutamente inopportuna la presenza di Galilei a Roma, sia per la sua persona, sia per i principi suoi protettori. A fronte delle appassionate convinzioni dello scienziato, il diplomatico ne palesa una più meditata, e cioè che occorre soprattutto dissimulare le proprie opinioni: «questo non è paese da venire a disputare della Luna, né da volere nel secolo che corre, sostenere né portarci dottrine nuove» intuendo i pericoli che l'atteggiamento appassionato di Galileo poteva comportare per lo scienziato e anche per il granduca, suo protettore. Sostituito nell'ottobre 1621 dall'abate Francesco Niccolini e rientrato a Firenze, nel 1623 il Guicciardini venne nominato "maggiordomo maggiore" dalla granduchessa coreggente Maria Maddalena d'Austria, vedova di Cosimo II.

GUIDUCCI, MARIO (Firenze, 1583-1646) • Astronomo, amico e confidente di Galileo. Come membro dell'Accademia di Firenze, Guiducci entrò nella polemica suscitata dalla pubblicazione di un libro anonimo (in realtà, del gesuita Orazio Grassi): *De tribus cometis anni* M.DC.XVIII scritto in occasione della comparsa di tre comete nel novembre del 1618. Il Grassi, membro del Collegio Romano, affermava che la cometa era un corpo reale di natura stellare e ipotizzava che le comete fossero corpi situati oltre al «cielo della Luna» avvalorando il modello del danese Tycho Brahe, secondo il quale la Terra è posta al centro dell'universo, con gli altri pianeti in orbita intorno al Sole. Galilei per difendere la validità del modello copernicano rispose indirettamente collaborando allo scritto *Discorso delle comete* di Guiducci (1619) dove si sosteneva che le comete non fossero oggetti celesti, ma effetti ottici prodotti dalla luce solare su vapori sprigionati dalla Terra. Grassi replicò al *Discorso delle comete* con la *Libra astronomica ac philosophica* del 1619, indicando in Galileo il vero autore del *Discorso* e attaccando direttamente il copernicanesimo e lo scienziato pisano. Questi rispose nel 1622, con la pubblicazione de *Il Saggiatore*. Da parte sua Guiducci con una lettera al gesuita Tarquino Galluzzi negava di essere un prestanome di Galilei ma piuttosto affermava di essere un divulgatore del suo pensiero scientifico. Nel maggio del 1621, Galilei volle ricompensare il sostegno del Guiducci nel difendere la tesi del maestro, proponendolo e facendolo nominare membro dell'Accademia dei Lincei.

GUSTAVO II ADOLFO VASA detto il Grande | prop. *Gustav Adolf den Store* (Stoccolma, 1594 - Lützen,1632) • Re di Svezia dal 1611 al 1632. A proposito di questi, scrive Giovan Battista Nelli:

> Ebbe l'onore di contare tra' suoi Discepoli Gustavo Adolfo Principe, dipoi Re di Svezia sì esperto nell'arte della guerra, che pose in costernazione ed in timor panico la maggior parte de' Principi della Germania […] Non è da mettersi in dubbio, che questo Sovrano fosse ammaestrato dal Galileo, assicurandolo egli medesimo in una lettera […] nella quale dice di essergli stato in Padova Maestro, e di avergli perfino insegnata la Toscana favella. [G.B. Nelli, *Vita e commercio letterario di Galileo Galilei*, vol. II, Losanna, 1793, cap. VIII, p. 129]

HARRIOT, THOMAS (Oxford, 1560 - Londra, 1621) • Astronomo, matematico, etnografo. Dopo essersi laureato a Oxford, nel 1585 si aggregò a una spedizione di Walter Raleigh nelle Americhe e al ritorno entrò al servizio del conte di Northumberland. Qui trovò la possibilità di esplicare i suoi interessi per la fisica e l'astronomia. La comparsa della cometa di Halley nel 1607 ravvivò il suo interesse per l'astronomia. Harriot fu il primo a tentare di creare una mappa della Luna, realizzandone un disegno nel luglio 1609 e uno tra i primi a osservare le macchie solari nel dicembre 1610.

HEVELIUS, JOHANNES | prop. *Jan Heweliusz* (Danzica, 1611-1687) • Studiò giurisprudenza a Leida, conobbe l'Inghilterra e la Francia. A partire dal 1639 si dedicò all'astronomia, pur ricoprendo importanti incarichi amministrativi. Nel 1641 costruì a casa sua un osservatorio astronomico, dotato di uno splendido equipaggiamento strumentale, incluso un telescopio "senza tubo" da 45 metri di focale. Studiò le macchie solari, scoprì quattro comete, e il fenomeno della librazione lunare in longitudine, descrisse undici nuove costellazioni. Ma, soprattutto, si dedicò allo studio della superficie della Luna, per cui è considerato il fondatore della topografia lunare. Nel 1647, pubblicò i suoi risultati in *Selenographia*, uno splendido atlante lunare, che è considerato una tra le più grandi opere scientifiche del Seicento.

HUYGENS, HANS CHRISTIAAN (L'Aia, 1629-1695) • Fu tra i protagonisti della Rivoluzione scientifica. Scoprì l'anello di Saturno e il primo dei suoi satelliti. Fu tra gli artefici della nuova meccanica di cui diede un saggio nell'opera fondamentale: *Horologium oscillatorium sive de motu pendularium* (1673). Espose le sue osservazioni su Saturno nel *Systema Saturnium* pubblicato all'Aia nel 1659. Huygens dedicò il libro al principe Leopoldo de' Medici, fondatore e animatore dell'Accademia del Cimento.

KEPLERO | prop. *Johannes von Kepler* (Weil der Stadt, 1571 - Regensburger, 1630) • Astronomo, matematico e musicista. Nel 1592 intraprese lo studio della teologia a Tubinga, dove insegnava Michael Maestlin, seguace delle teorie di Copernico. Nel 1600 accettò un posto di assistente di Tycho Brahe, il che gli consentì di lavorare con un grande astronomo osservatore e anche di sottrarsi alle persecuzioni religiose. Nel 1601, dopo la morte di Brahe, gli succedette nell'incarico di matematico e astronomo imperiale a Praga. Nel 1604 osservò e descrisse la *stella nova* che oggi è nota con il suo nome. Nel 1609 pubblicò *Astronomia nova*, in cui formulò le sue prime due leggi, concernenti rispettivamente, l'ellitticità delle orbite dei pianeti e la velocità con cui ciascun pianeta percorre la propria. Alla morte dell'imperatore Rodolfo II, il nuovo imperatore Mattia acconsentì a Keplero di ricoprire la carica di "matematico territoriale" a Linz (Austria), pur conservando il titolo di "matematico imperiale" e quindi l'obbligo di portare avanti l'elaborazione delle *Tabulæ Rudolfinæ*, un grandioso catalogo astronomico che uscì nel 1627, basato sui dati raccolti da Tycho Brahe. Nel 1618 scoprì quella che è nota come *Terza legge di Keplero*, che rese nota l'anno successivo nella sua opera più importante: *Harmonices mundi*. Questa riguarda il rapporto fra i periodi di rivoluzione dei pianeti e le dimensioni delle loro orbite.

JANSEN, ZACHARIAS (n. 1580 ca. - m. 1638 ca.) • Costruttore di occhiali del Middelburg, è ritenuto da alcuni inventore del microscopio composto. Poiché il primo microscopio sarebbe stato realizzato intorno al 1590, gli studiosi ritengono che nella scoperta abbia avuto un ruolo importante suo padre Jan. Zacharias descrisse l'apparecchio a Willem Boreel, un diplomatico olandese amico degli Jansen che, nel 1650 rivendicò la priorità olandese del microscopio.

LAGRANGE, JOSEPH-LOUIS | it. *Giuseppe Lodovico Lagrangia* (Torino, 1736 - Parigi, 1813) • Grande matematico e astronomo, lavorò per vent'anni a Berlino e per ventisei a Parigi. In matematica, Lagrange è ricordato per i suoi contributi alla teoria dei numeri e per aver fondato il calcolo delle variazioni. Ottenne risultati basilari nel campo delle equazioni differenziali, ma, soprattutto, è stato il fondatore della meccanica analitica. Fourier e Poisson furono suoi allievi. La sua opera più importante è la *Mécanique analytique*, pubblicata nel 1788.

LEONARDO DA VINCI (Vinci, 1452 - castello di Cloux presso Amboise, 1519) • Pittore, architetto, scienziato, ha incarnato il genio rinascimentale che rivoluzionò sia le arti figurative sia la storia del pensiero e della scienza.

L'aritmetica e la geometria, che trattano con «somma verità della quantità discontinua e della continua», furono per Leonardo il fondamento di tutte le scienze naturali, in particolare della meccanica, «paradiso delle scienze matematiche». Diversi lavori di ingegneria idraulica portarono Leonardo a occuparsi del moto dell'acqua. Oltre a intuire alcuni principi fondamentali dell'idrostatica, stabilì per il moto delle acque correnti il principio della portata costante, secondo il quale in un corso d'acqua uniforme a sezione variabile la velocità della corrente varia in ragione inversa della sezione (Legge di Leonardo). La scienza prediletta da Leonardo fu la meccanica, alla quale ha portato il maggiore contributo di originalità. Infaticabile sperimentatore, ha studiato anche le opere di Aristotele e di Archimede. La teoria delle macchine semplici è oggetto di molti appunti nei manoscritti vinciani e i suoi studi mostrano che intuì il principio dei lavori virtuali. Notevoli sono anche gli studi sulla determinazione dei baricentri, che furono i primi reali progressi dopo la classica teoria di Archimede, e sulla resistenza dei materiali.

LEONE X (Firenze, 1475 - Roma, 1521) • Al secolo Giovanni di Lorenzo de' Medici, eletto papa nel 1513.

LUCREZIO (Pompei o Ercolano, 94 a.C. - Roma, 50) • Tito Lucrezio Caro, poeta e filosofo romano, esponente dell'epicureismo, autore del celebre *De rerum natura*.

MAESTLIN, MICHAEL [o Mästlin, Möstlin e Moestlin] (Göppingen, 1550 - Tübingen, 1631) • Astronomo e matematico. Nominato professore di matematica a Heidelberg nel 1580, passò poi all'Università di Tubinga dove insegnò per 47 anni. Fra i suoi allievi, il più illustre fu Keplero, a cui comunicò nel 1597 il risultato di un suo calcolo del rapporto aureo: 0,6180340. Tra i meriti che gli sono riconosciuti, vi è la spiegazione della luce cinerea della Luna. Non sapeva di essere stato preceduto da Leonardo da Vinci.

MAGALOTTI, LORENZO (Roma, 1637 - Firenze, 1712) • Scienziato, letterato e diplomatico al servizio del granduca di Toscana. Segretario del cardinale Leopoldo de' Medici, nel 1660 fu nominato segretario dell'Accademia del Cimento (fondata dal cardinale nel 1657). Fu membro autorevole dell'Accademia della Crusca e dell'Accademia dell'Arcadia. Curò la pubblicazione dei *Saggi di naturali esperienze*, ossia le relazioni dell'attività dell'Accademia del Cimento dal 1662 al 1667, anno in cui l'Accademia venne sciolta.

MARCHETTI, ALESSANDRO (Pontorno, 1633 - Pisa, 1714) • Fu allievo e successore del Borelli a Pisa, dove, dal 1660, insegnò filosofia e poi matematiche. In perpetua lotta con i peripatetici, scrisse opere matematiche in latino; si cimentò nella produzione poetica pubblicando mediocri *Rime* (Firenze 1704); tradusse felicemente Anacreonte (1707); abbozzò un poema filosofico, una specie di "Antilucrezio", di cui ci resta il principio nel tomo XXI del *Giornale dei letterati d'Italia*; e lasciò inedita la traduzione, non ancora superata, del *De rerum natura* di Lucrezio (prima edizione, Londra 1717).

MARZI MEDICI, ALESSANDRO (Firenze, 1557-1630) • Arcivescovo di Firenze dal 1605 al 1630, membro autorevole del folto partito anticopernicano fiorentino.

MAZZONI, JACOPO (Cesena, 1548-1598) • Filosofo, letterato e astronomo. Fu titolare della cattedra di filosofia a Pisa dal 1588 al 1597. Galileo, prima studente e poi collega del Mazzoni, gli scrisse una importante lettera (30 maggio 1597) in difesa delle posizioni copernicane.

MERSENNE, MARIN (Oizé, 1588 - Parigi, 1648) • Educato presso i Gesuiti, ma appartenente all'ordine dei Frati minimi, fu teologo, filosofo e matematico. È ricordato oggi dai matematici soprattutto per i *numeri di Mersenne*, ma non ebbe la matematica come centro delle sue attività, scrivendo soprattutto di teoria musicale e teologia. Pur avendo curato alcune edizioni di Euclide, Archimede e altri matematici greci, il suo maggiore contributo fu l'estesa corrispondenza che ebbe con personalità scientifiche e matematiche del suo tempo. In un'epoca in cui ancora non esistevano giornali scientifici, Mersenne operò come veicolo per la circolazione di informazioni e scoperte. Infatti, grande ammiratore dell'opera di Galileo, contribuì alla sua diffusione in Europa con il saggio *Questions physico-mathematiques et les mechaniques du sieur Galilée tres excellente mathematicien & ingenieur du Duc de Florence*, pubblicato a Parigi nel 1635. Gli studiosi francesi non sapevano quale posizione prendere di fronte alla condanna del *Dialogo* di Galileo e cercavano lumi presso Mersenne. La sua reazione fu di pubblicare due versioni delle *Questions theologiques*, una in cui prendeva in esame la teoria eliocentrica e i contenuti delle prime due *Giornate* del *Dialogo*, e una versione purgata molto più critica nei confronti di Galileo. Le due versioni, in fondo, riflettono la doppia natura di Mersenne, cioè il suo amore per la scienza e la sua condizione di frate minimo. Tra le sue opere scientifiche più importanti, si ricordano *Les mécaniques de Galilée* (Parigi, 1634) e, soprattutto, *L'Harmonie universelle* (Paris, 1636).

MICANZIO, FULGENZIO (Passirano, 1570 - Venezia, 1654) • Frate servita come Paolo Sarpi, e suo discepolo, fu professore di teologia. Allo scoppio della controversia, detta dell'Interdetto, tra la Serenissima e il papato (1606), fu chiamato da Sarpi presso di sé a Venezia, e gli succedette nella carica di consultore. Da allora Micanzio divenne suo assistente e, alla morte, ne ereditò la carica di teologo e canonista della Serenissima, divenendone circa vent'anni dopo il primo biografo. Con Galileo fu in contatto fin dagli anni del *Sidereus nuncius*. La loro corrispondenza acquistò particolare intensità a partire dagli anni Trenta. Il servita, infatti, rimase vicino allo scienziato durante le vicende del processo e in modo particolare dopo la condanna, insostituibile appoggio in quella spiaggia di libertà che era ancora Venezia. Fu tramite Micanzio che Galileo poté, ad esempio, far pervenire agli Elzevier i manoscritti dei *Discorsi e dimostrazioni intorno a due nuove scienze* (Leida, 1638), fu sempre lui a preparare i materiali per la stampa e a ipotizzare un'edizione completa delle opere di Galileo, che in quell'occasione non si realizzò. Micanzio fu anche d'aiuto in alcune questioni pratiche, come la riscossione della pensione ecclesiastica, della quale Galileo aveva ottenuto diritto fin dal 1624 o l'acquisto di un violino particolarmente pregiato, attraverso Claudio Monteverdi (1567-1643) allora maestro di cappella a San Marco, per il nipote Alberto Cesare.

MILTON, JOHN (Londra, 1608-1674) • Poeta, saggista, filosofo e teologo. Il suo capolavoro è il *Paradise lost*, pubblicato nel 1667, un poema epico in dodici canti sulla creazione, la caduta dell'uomo, la sua cacciata dall'Eden, lo schema divino della sua redenzione, paragonabile alla *Divina commedia* di Dante. Milton cita Galileo in tre occasioni nel *Paradiso perduto* – il solo contemporaneo menzionato nel poema, una volta per nome e due volte attraverso una perifrasi – e ogni volta in associazione con lo strumento che gli aveva assicurato la fama: il telescopio.

Moleti, Giuseppe (Messina, 1531 - Padova, 1588) • Trascorse dodici anni alla corte dei Gonzaga a Mantova, come istitutore del principe Vincenzo. Fu chiamato in seguito alla cattedra di matematica dell'Università di Padova, dove approfondì i suoi studi di matematica e astronomia. Papa Gregorio XIII lo chiamò a far parte della commissione di esperti che portò alla riforma del calendario che partì dal 1582. Galileo, che aspirava a una cattedra di matematica a Padova, comunicò i risultati delle sue ricerche sui centri di gravità dei solidi proprio a Moleti, oltre che a Guidobaldo Del Monte, che mostrarono di apprezzarli.

Nelli, Giovan Battista Clemente (Firenze, 1725-1793) • Erudito e bibliografo. Ritrovò per caso e salvò dalla dispersione autografi e manoscritti di Galileo, ora custoditi nella Biblioteca Nazionale di Firenze. Appassionato bibliofilo e antiquario, diede vita a un'interessante raccolta di arte e di antichità accanto a una biblioteca ragguardevole per numero e qualità dei volumi. Il nucleo iniziale della collezione fu legato alla ricezione, tramite il padre Giovan Battista, dell'eredità di Vincenzo Viviani, allievo di Galilei e possessore della più vasta raccolta di sue opere manoscritte. Tale lascito era condizionato, per disposizione testamentaria del Viviani, all'erezione di un monumento a Galilei in Santa Croce, cosa che in effetti fece nel 1737. A tale fortunata e prestigiosa eredità è legata la fatica che valse a Nelli la maggior parte della sua fama di letterato, l'opera *Vita e commercio letterario di Galileo*, edita nel 1793 a Firenze, ma con la falsa indicazione di Losanna, per timore delle autorità ecclesiastiche.

Niccolini, Francesco (Firenze, 1584-1650) • Figlio di Giovanni, già ambasciatore a Roma, Francesco era stato avviato alla carriera ecclesiastica, ma alla morte del padre nel 1611 smise la veste talare. Fu nominato ambasciatore a Roma nel 1621 e conservò la carica fino al 1643. Tornato in patria fu nominato gentiluomo di corte di Ferdinando II e nel 1647 divenne gran cancelliere dell'Ordine di Santo Stefano. Niccolini aiutò molto Galileo, grazie alla forte amicizia sbocciata in occasione del viaggio a Roma del 1624, e particolarmente negli anni immediatamente precedenti la pubblicazione del *Dialogo sopra i due massimi sistemi del mondo* (Firenze, 1632), adoperandosi per ottenere l'autorizzazione ecclesiastica alla stampa. L'anno successivo, a causa del *Dialogo*, Galileo finì davanti al tribunale dell'Inquisizione. Durante la permanenza di Galileo a Roma per il processo, l'ambasciatore lo assisté con grande affetto e, nel periodo che seguì la condanna, si prodigò per fargli ottenere la grazia. Non raggiunse l'obiettivo, ma riuscì a fargli ottenere il permesso di risiedere a Firenze.

NOAILLES, FRANÇOIS (n. 1584 - m. 1645) • Sia all'università che privatamente, fu tra gli allievi padovani di Galileo, che nel 1603 lo menziona in un libro di conti per aver corrisposto il dovuto per le lezioni sull'uso del compasso geometrico e militare. Tornato in Francia, il conte de Noailles servì nell'esercito e ricoprì importanti incarichi pubblici. Nel 1632 fu designato ambasciatore presso il papa, ma si recò a Roma solo nel 1634. Galileo, ricordandosi di averlo avuto come discepolo, gli fece pervenire le sue congratulazioni per il nuovo ufficio. Appena insediato, il Noailles prese contatti col Castelli per mettere appunto insieme a lui e all'ambasciatore toscano Francesco Niccolini una strategia volta a mitigare la detenzione di Galileo ad Arcetri. Nonostante avesse esercitato tutta la sua influenza, non ottenne risultati apprezzabili; ma solamente di poter incontrare il vecchio maestro sulla via del ritorno in Francia. Nell'occasione (1636) Galileo gli consegnò una copia manoscritta dei *Discorsi e dimostrazioni matematiche sopra due nuove scienze* che vennero pubblicati a Leida due anni dopo, con una dedica al conte di Noailles. L'intenzione era quella di far pervenire all'estero il lavoro, per aggirare la censura ecclesiastica, che aveva emesso un divieto generale di pubblicazione. Nella dedica al nobile francese, Galileo finge di non avere avuto parte nella stampa del libro, sostenendo che gli Elzeviri, una volta entrati in possesso di una delle copie arrivate oltralpe attraverso il Noailles, avevano provveduto a pubblicarla autonomamente e a sua insaputa. Si trattava evidentemente di un *escamotage* concordato fra i due.

OLIVA, ANTONIO (Reggio Calabria, 1624 - Roma, 1691) • All'età di diciannove anni fu nominato teologo dal cardinal Barberini. Dal 1657 circa soggiornò in Toscana e negli anni 1663-1667 tenne la cattedra di medicina teorica nello Studio pisano. Partecipò all'attività dell'Accademia del Cimento, manifestando una spiccata tendenza a occuparsi di idraulica. A questo proposito progettò un trattato di cui resta solo lo schema (*Tavola sinottica sopra l'acqua*, conservato manoscritto nella Raccolta galileiana della Biblioteca Nazionale Centrale di Firenze). Al periodo toscano risale anche un commento al *Libro quinto di Euclide* (conservato, anch'esso manoscritto, nella Biblioteca Medicea Laurenziana di Firenze). Lasciata Pisa nel 1667, si recò a Roma. Accusato di far parte dell'Accademia dei Bianchi, un movimento filofrancese eterodosso e libertino capeggiato dal prelato Pietro Gabrielli, venne arrestato e processato dal tribunale dell'Inquisizione. Durante il processo, per sottrarsi a un procedimento penale, si gettò da una finestra del Palazzo del Sant'Uffizio.

ORTÈLIO, ABRAMO | prop. *Abraham Oertel* (Anversa, 1527-1598) • Cartografo e geografo, autore del celebre *Theatrum orbis terrarum* (1570), sistematica raccolta di carte di tutto il mondo, che ebbe moltissime edizioni nel corso del XVI secolo. Pubblicò anche una *Synonymia geographica* (1578, elenco di concordanze tra nomi geografici antichi e moderni), poi ampliata, come dizionario geografico, col titolo *Thesaurus geographicus* (1587), vera e propria opera di geografia storica.

PALMERINI, TOMMASO (n. ? - m. ?) • Di lui scrive il Nelli: «Tommaso Palmerini era un Filosofo Peripatetico della città di Pisa, al quale, attesa la poca stima che aveva nella Repubblica Letteraria, gli fu posto il soprannome di accademico Pippione. L'opuscolo che stampò contro il Galileo porta il seguente titolo: *Considerazioni sopra il discorso del Sig. Galileo Galilei intorno alle cose, che stanno in su l'acqua, o che in quella si muovono*, Pisa, 1612» [Nelli 1793, vol. I, p. 314].

PEIRESC, NICOLAS-CLAUDE FABRI DE (Belgentier, 1580 - Aix-en-Provence, 1637) • Astronomo, botanico e numismatico, fu amico ed estimatore di Galileo. Studioso dai molteplici interessi, mantenne un'imponente corrispondenza con altri scienziati, riuscendo anche a organizzare con successo alcune tra le prime spedizioni di ricerca scientifica. Fu membro del parlamento della Provenza con il titolo di "consigliere" che lo poneva gerarchicamente immediatamente al di sotto del presidente del Parlamento, Guglielmo di Vair. Questi, nel 1610, gli fece dono di un cannocchiale grazie al quale Peiresc osservò i satelliti di Giove. Scoprì anche, nello stesso anno di Galileo, la nebulosa di Orione. Nominato Senatore della corte sovrana, divenne un patrono delle scienze e delle arti, dando ospitalità a Pierre Gassendi e cercando di difendere Tommaso Campanella e Galileo dagli attacchi dell'Inquisizione.

PICCOLOMINI, ASCANIO (Firenze, 1590 - Roma, 1671) • Fu arcivescovo di Siena dal 1629 al 1671. Uomo di vasta cultura, aveva conosciuto Galileo in giovane età e lo ospitò per circa sei mesi dopo la condanna. Alcuni storici attribuiscono a Piccolomini il merito di aver risollevato il vecchio dallo stato di prostrazione in cui versava dopo l'esito del processo e incoraggiato a riprendere la compilazione del grande trattato che aveva in mente. Galileo, in seguito, avrebbe confidato all'amico Diodati: «[…] in Siena in casa di Monsig. Arcivescovo […] composi un trattato di un argomento nuovo, in materia di meccaniche, pieno di molte specolazioni curiose ed utili». Alludeva ai *Discorsi e dimostrazioni matematiche intorno a due nuove scienze* che sarebbe stato pubblicato a Leida nel 1638.

REDI, FRANCESCO (Arezzo, 1626 - Pisa, 1697), medico, naturalista e letterato. Membro dell'Accademia della Crusca, che diresse dal 1678 al 1690, fu parte attiva nella fondazione dell'Accademia del Cimento e venne nominato archiatra ducale.

RENIERI, VINCENZO (Genova, 1606 - Pisa, 1648) • Monaco olivetano, matematico e astronomo. Nel 1633, conobbe Galileo che, ormai cieco, gli diede tutti i documenti contenenti le sue osservazioni e calcoli sui Pianeti medicei, affinché ne calcolasse le effemeridi allo scopo di utilizzarle per la determinazione della longitudine. Queste, tuttavia, non furono inserite nelle *Tabulæ mediceæ secundorum mobilium universales* del 1639. Ad Arcetri conobbe e divenne amico anche di Vincenzo Viviani. Nel 1640, grazie all'appoggio di Leopoldo de' Medici e dello stesso Galileo, ebbe la cattedra di matematica all'Università di Pisa. Ma questo non gli impedì di proseguire le osservazioni sui satelliti di Giove, migliorando, grazie a strumenti di qualità superiore, le tabelle di Galileo. I suoi studi sui Pianeti medicei furono pubblicati solo dopo la sua morte. Poiché sembra che i suoi scritti siano stati trafugati, della corrispondenza epistolare con Galilei sono giunte a noi solo due lettere.

RICCI, OSTILIO (Fermo, 1540 - Firenze, 1603) • Matematico, professore all'Accademia del Disegno a Firenze e amico personale di Vincenzo Galilei, fu guida del giovane Galileo nello studio di Euclide e di Archimede, contribuendo a fargli prendere la decisione di lasciare gli studi di medicina in favore delle matematiche. Ricci, che era stato allievo di Niccolò Tartaglia, aveva sviluppato un forte interesse per l'architettura militare e lo trasmise a Galileo, come confermano la *Breve instruzione all'architettura militare* e il *Trattato di fortificazione*, nati come materiali per l'insegnamento e rimasti manoscritti fino all'epoca moderna.

RICHELIEU, CARDINALE | prop. *Armand-Jean du Plessis*, duca di Richelieu (Parigi, 1585-1642) • Cardinale e vescovo, fu primo ministro del re Luigi XIII di Francia. Nel 1635 fondò l'Académie Française per la difesa della lingua francese.

ROTHMANN, CHRISTOPH (Bernburg, 1555 ca. - 1610 ca.) • Matematico e astronomo, nel 1577 fu nominato matematico palatino dal principe Guglielmo IV d'Assia-Kassel. Nel 1590 conobbe Tycho Brahe nel suo osservatorio (Uraniborg) nell'isola di Ven e da allora rimase in corrispondenza con il danese. Tuttavia, non adottò il suo modello planetario, rimanendo sempre copernicano.

RUCELLAI, ORAZIO RICASOLI (Firenze, 1604-1673) • Letterato, filosofo e scienziato. Millantava un'amicizia con Galileo che, al contrario aveva incontrato una sola volta quando era stato suo ospite, con altri, nella villa di Arcetri. Nel 1634 fu ambasciatore toscano prima presso Ladislao IV di Polonia e poi alla corte dell'imperatore Ferdinando III. Nel 1657 venne nominato soprintendente della Biblioteca Laurenziana, successivamente gli fu affidata la direzione degli studi del principe Francesco Maria, e infine, il 27 settembre 1667, fu acclamato priore dell'Accademia della Crusca con lo pseudonimo di Imperfetto.

SAGREDO, GIOVANNI FRANCESCO (Venezia, 1571-1620) • Nobiluomo veneziano di vasti interessi culturali. Galileo, suo grande amico, lo interessò alla fisica e all'astronomia, tanto che si dedicò alla costruzione di apparecchi e alla sperimentazione. Nel 1611 cercò inutilmente di impedire a Galileo di lasciare Padova per trasferirsi a Firenze. La corrispondenza tra i due amici fu frequente e ininterrotta fino alla morte del veneziano. Galileo diede il suo nome a uno dei protagonisti del *Dialogo sopra i due massimi sistemi* (1632) e dei *Discorsi e dimostrazioni matematiche* (1638).

SALVIATI, FILIPPO (Firenze, 1582 - Barcellona, 1614) • Rampollo di una delle più ricche e influenti famiglie fiorentine, sotto l'influenza di Galileo, si dedicò allo studio della matematica e della fisica. Accademico della Crusca, entrò nell'Accademia dei Lincei, l'anno dopo di Galileo. Questi gli dedicò l'*Istoria e dimostrazioni intorno alle macchie solari* (1613) che fu scritta nella villa del Salviati nella campagna fiorentina. Trasferitosi in Spagna, forse per una non risolta questione d'onore con un Bernadetto, della famiglia de' Medici, morì a Barcellona all'età di 32 ani. La fama di Salviati è sopratutto dovuta al fatto che Galileo diede il suo nome a uno dei protagonisti del *Dialogo sopra i due massimi sistemi* (1632) il cui carattere tratteggia con le parole: «nel quale il minore splendore era la chiarezza del sangue e la magnificenza delle ricchezze; sublime intelletto, che di niuna delizia più avidamente si nutriva, che di specolazioni esquisite».

SANTORIO, SANTORIO (Capodistria, 1561 - Venezia, 1636) • Studiò all'Università di Padova dove si laureò in medicina nel 1582. Esercitò la professione di medico alla corte di Massimiliano, re di Polonia. Si stabilì a Venezia nel 1599, e qui strinse amicizia con Sarpi, Sagredo e Galileo. Fu probabilmente quest'ultimo a suggerirgli di adottate il pendolo per la misura della frequenza cardiaca. Santorio fu anche il primo a cercare di fare misure oggettive di temperatura corporea e a questo scopo realizzò un primitivo modello di termometro, traendo probabilmente ispirazione dagli studi sperimentali condotti da Galileo. Nel 1611 fu chiamato alla cattedra di medicina teorica a Padova (che tenne fino al 1624). Nel *De statica medicina* (1614), la sua opera fondamentale, raccolse i risultati di trent'anni di osservazioni ed esperienze.

SARPI, PAOLO (Venezia, 1552-1623) • Dell'ordine dei Servi di Maria, è stato un teologo, storico e scienziato. La *Istoria del Concilio tridentino*, scritto fra il 1608 e il 1618, ma pubblicato a Londra nel 1619 sotto pseudonimo, è il suo capolavoro di storico, in cui ricerca le cause della rottura tra cattolici e protestanti, individuandole negli interessi mondani e temporali della curia romana. Fu amico e corrispondente di Galileo, che lo ricambiò di tutta la sua stima e ne cercò i suggerimenti in campo scientifico.

SCHEINER, CHRISTOPH (Markt Wald, 1573 - Nysa, 1650) • Gesuita e matematico, insegnò matematica e astronomia a Roma dal 1614 al 1633, anno del processo a Galileo. Descrisse gli usi dei pantografi e si interessò particolarmente di ottica; pubblicò i risultati delle sue ricerche nel libro *Oculus sive fondamentum opticum*, del 1619. Si occupò in particolare del Sole e nel marzo o aprile del 1611, scoprì le macchie solari. La pubblicazione della notizia diede l'innesco a un'aspra polemica con Galileo relativa alla natura fisica delle macchie. Volendo Scheiner, in conformità alla visione aristotelica, salvare la perfezione del Sole e dei cieli in generale, postulò che le macchie fossero causate da satelliti solari. Al suo saggio, *Tres epistolæ de maculis Solaribus* (Augsburg, 1612), diede la forma di tre lettere indirizzate a Marco Welser, banchiere e studioso della città, da uno scienziato che si nascondeva sotto lo pseudonimo di "Apelles latens post tabulam", ovvero di Apelle nascosto dietro il dipinto. Welser invitò Galileo a commentare queste lettere e questi rispose con due lettere allo stesso Welser in cui sosteneva che le macchie si trovano effettivamente sulla superficie del Sole e che mutano di forma e di posizione. Di conseguenza, la superficie solare non è perfetta e immutabile. Scheiner rispose con una seconda serie di tre lettere che Welser pubblicò sotto il titolo *De maculis solaribus et stellis circa Iovem errantibus accuratior disquisitio* (1612), sempre con lo pseudonimo di Apelle. Galileo rispose nel dicembre del 1612 con una terza lettera e la raccolta delle tre lettere venne pubblicata dall'Accademia dei Lincei sotto il titolo *Istoria e dimostrazioni intorno alle macchie solari e loro accidenti* (1613). L'opera di Scheiner più importante è *Rosa Ursina sive Sol, ex admirando facularum et macularum suarum phenomeno varius* (Bracciano, 1630), una ponderosa summa del suo lavoro, nel quale attaccava duramente Galileo e ascriveva a sé la priorità della scoperta delle macchie solari. Da quel momento, la diatriba personale tra Galileo e Scheiner divenne particolarmente virulenta e alcuni storici ritengono che abbia avuto un ruolo nell'istruzione del processo che ebbe inizio in quel periodo.

SECCHI, ANGELO (Reggio Emilia, 1818 - Roma, 1878) • Gesuita, astronomo e geodeta, è ritenuto fondatore della spettroscopia stellare. Fu direttore dell'osservatorio astronomico del Collegio Romano e fu il primo a tentare una classificazione delle stelle in base alle loro caratteristiche spettroscopiche. Formatosi come astronomo in Inghilterra e negli Stati Uniti, provvide al rinnovamento degli studi scientifici del Collegio e divenne uno degli scienziati più eminenti in campo internazionale.

SIMONE, MARIO (Gunzehausen, 1573 - Ansbach, 1624) • Astronomo e matematico dell'elettore di Brandeburgo, soggiornò a Padova dove ebbe come allievo Baldassar Capra. Nel 1614 pubblicò un libello il cui fine è esplicitato dal lungo titolo: *Mundus Jovialis anno 1609. Detecto ope perspicillii Belgici hoc est quatuor Jovialim planetarum cun Theoria [...] Inventore & Authore Simone Mario Guntzenhusano, Marchionum Brandeburgusium in Franconia Mathematico [...] Bibliopolæ Norimbergensis anno 1614*. Ebbe l'onore di una citazione in una pagina del *Saggiatore* [pp. 3-4]:

> Questo stesso quattro anni dopo la pubblicazione del mio *Nunzio sidereo*, avvezzo à volersi ornar dell'altrui fatiche, non si è arrossito nel farsi Autore delle cose da me ritrovate, & in quell'opera pubblicate; e stampando sotto il titolo di *Mundus Jovialis* &c. ha temerariamente affermato sé aver avanti di me osservati i Pianeti medicei, che girano intorno a Giove [...].

A Simone Mario dobbiamo tuttavia i nomi mitologici con cui conosciamo i satelliti di Giove: «Io, Europa, Ganimedes puer, atque Calisto lascivo nimium perplacuere Iovi».

Snellio | prop. *Willebrord Snell van Royen*, lat. *Willebrordus Snellius* (Leida, 1580-1626) • Matematico, astronomo e fisico, nel 1615 progettò e sperimentò un nuovo metodo per determinare il raggio terrestre, per mezzo della triangolazione. Il metodo è esposto nell'*Eratosthenes batavus*, pubblicato nel 1617. Trovò che un grado di meridiano terrestre corrisponde a 107,39 km. La legge della rifrazione della luce è la sua scoperta più nota. Scoperta sperimentalmente nel 1621, porta anche il nome di Cartesio che la pubblicò per primo nel 1637. La formulazione di Snell venne resa nota solo nel 1703 per merito di Huygens che la pubblicò nella sua *Dioptrica*.

Strozzi, Giulio (Venezia, 1583-1652) • Poeta e librettista. Imparentato con il condottiero fiorentino Piero Strozzi, iniziò gli studi a Venezia e poi studiò legge a Pisa. Si trasferì poi a Roma e quindi a Padova e Urbino. Intorno alla metà degli anni venti del Seicento fece ritorno alla città natale. La sua produzione letteraria comprende poesie, testi teatrali, ma soprattutto libretti di melodrammi, la nuova forma di teatro in musica che si sviluppò a Mantova e Venezia nei primi anni del 1600. Collaborò molto assiduamente con il compositore Claudio Monteverdi scrivendo i libretti per alcune sue opere.

Tartaglia, Niccolò Fontana detto, (Brescia, 1499 ca. - Venezia, 1557) • Ebbe per tutta la vita difficoltà a parlare a causa di una ferità inferta da bambino. Fu inizialmente un autodidatta, ma in seguito frequentò lo Studio di Padova. Maturate le sue conoscenze matematiche, si stabilì a Verona dove, in condizioni economiche precarie, rimase fino al 1534, lavorando come insegnante di matematica. Si spostò quindi a Venezia dove, pur continuando a insegnare in scuole minori, accrebbe la sua fama di matematico di talento grazie alla partecipazione ad alcuni dibattiti pubblici. La sua vita conobbe una svolta nel 1534, quando venne organizzata una sfida tra Tartaglia e il matematico Antonio Maria Fior, allievo di Scipione Ferro. I termini della sfida consistevano in questo: ciascuno dei due matematici avrebbe proposto all'altro trenta problemi, che andavano risolti entro quindici giorni. Chi fosse riuscito a risolverne di più avrebbe vinto la sfida. In poco tempo Tartaglia risolse i problemi di Fior, risultando quindi indiscusso vincitore della disfida. Notizia del talento e del successo di Tartaglia giunse a Girolamo Cardano che lo contattò per farsi dire il metodo di risoluzione delle equazioni di terzo grado. Rancori personali portarono a un'altra sfida con il matematico Ferrari che ebbe luogo a Milano il 10 agosto 1548 con esito negativo per Tartaglia. Ormai povero, tornò a Venezia, dove riprese il lavoro di insegnante e rimase fino alla fine della sua vita. Nel 1537 pubblicò un trattato, la *Nova scientia*, che riguardava le applicazioni della matematica ai problemi dell'artiglieria; scrisse anche un testo di aritmetica, stampò edizioni latine delle opere di Archimede (riprese da edizioni tedesche), tradusse gli *Elementi* di Euclide (1543), e nel 1546 pubblicò *Quesiti et inventioni diverse*, in cui esponeva anche la legge del piano inclinato.

TARZONI TOZZETTI, GIOVANNI (Firenze, 1712-1783) • Medico e naturalista è stato il primo di una famiglia di studiosi la cui opera ha profondamente influito sullo sviluppo scientifico ed economico della Toscana. Nel 1739 venne nominato prefetto della Biblioteca Magliabechiana e per vari anni fu impegnato nell'ordinamento del vastissimo materiale librario, e ciò gli consentì di sviluppare il suo interesse per la storia della Toscana. Dai suoi studi nacque la monumentale opera *Viaggi fatti in diverse parti della Toscana per osservare le produzioni naturali e gli antichi monumenti di essa*, di cui esistono due edizioni: la prima in sei volumi (Firenze, 1751-1754), e la seconda in dodici volumi (1768-1779). Curò anche la pubblicazione degli *Atti e memorie inedite dell'Accademia del Cimento* (Firenze, 1780).

TOLOMEO, CLAUDIO (Pelusio, 100 ca. - 175 ca.) • Astronomo, astrologo e geografo greco di epoca imperiale e cultura ellenistica, visse e operò ad Alessandria d'Egitto. Considerato uno dei padri della geografia, fu autore di importanti opere scientifiche, la principale delle quali è il trattato astronomico noto come *Almagesto*, il cui titolo originale era *Mathematikè sýntaxis* (*Trattato matematico*). In questo lavoro – contenente anche un catalogo stellare e un elenco di 48 costellazioni – Tolomeo formulò un modello geocentrico, in cui il Sole orbita intorno alla Terra così come gli altri pianeti, ma su serie di orbite circolari, dette *epicicli*. Il sistema tolemaico costituì il modello di riferimento per tutto il mondo occidentale fino alla fine del XVI secolo.

TORRICELLI, EVANGELISTA (Faenza, 1608 - Firenze, 1647) • Autore del celebre esperimento sulla pressione atmosferica, diede importanti contributi alla balistica e all'ottica. Succedette a Galileo come "matematico granducale". Formatosi come matematico alla scuola di Bonaventura Cavalieri, ne proseguì gli studi elaborando la teoria degli indivisibili che porta il suo nome; elaborò il cosiddetto *Teorema universale* di Torricelli, sulla determinazione del baricentro di una figura qualunque, e il *Teorema di Torricelli-Barrow*, noto anche come *Teorema fondamentale del calcolo integrale*. Il solo volume da lui pubblicato – uscito nel 1644, a spese del granduca di Toscana – porta come titolo *Opera geometrica*, ebbe larga diffusione in tutta Europa, e riscosse gli apprezzamenti di Cartesio e di Pascal.

VELSER | prop. *Marco Welser* (n. ? - m. ?) • Duumviro di Augusta, banchiere legato all'ordine dei Gesuiti e socio dell'Accademia dei Lincei. Il suo nome è legato alla polemica sostenuta da Galileo con il gesuita Cristoforo Scheiner, a proposito della natura delle macchie solari e sulla priorità della scoperta. Nel 1612 furono pubblicate ad Augusta tre lettere sul tema delle macchie indirizzate a Marco Welser dallo Scheiner, gesuita e professore di matematica nell'Università di Ingolstadt, sotto lo pseudonimo di Apelle. Galileo rispose con tre lettere che, raccolte in volume, furono pubblicate nel 1613 a Roma, a cura della stessa Accademia dei Lincei, con il titolo: *Istoria e dimostrazione intorno alle macchie solari e loro accidenti, comprese in tre lettere scritte all'illustrissimo Signor Marco Velseri Linceo, Duumviro d'Augusta, Consigliero di Sua Maestà Cesarea, dal signor Galileo Galilei, Nobil fiorentino, Filosofo e Matematico primario del Serenissimo D. Cosimo II Gran Duca di Toscana.*

VIVIANI, VINCENZO (Firenze, 1622-1703) • Fu allievo di Torricelli e ultimo discepolo di Galileo. Infatti a 17 anni si trasferì nella villa di Arcetri dove rimase fino alla morte del maestro nel 1642. Scrisse un *Racconto istorico della vita di Galileo* (1654) che rappresenta tuttora la principale fonte di notizie sulla vita del grande scienziato. Fece incidere notizie su Galileo in alcune lunghe epigrafi collocate sul palazzo di famiglia a Firenze che, per questo motivo venne detto Palazzo dei Cartelloni. Dal 1655 al 1656 curò la prima edizione dell'*Opera omnia* di Galileo. Viviani collaborò con Torricelli al famoso esperimento barometrico ed eseguì esperimenti di sua invenzione per dimostrare che la pressione atmosferica varia con la quota. Insieme a Borelli riuscì a determinare, con una tecnica suggerita da Galileo, la velocità del suono nell'aria. Fu uno dei più autorevoli membri dell'Accademia del Cimento, oltre che della Royal Society e, dal 1699, della rinnovata Académie des Sciences di Parigi.

Bibliografia

Le biografie di Galileo pubblicate fino alla metà dell'Ottocento affrontano due temi principalmente. Il primo è il suo prestigio scientifico, se cioè a lui si possa o no attribuire l'invenzione del telescopio, del microscopio, del termometro; se a lui spetti la priorità della scoperta dei satelliti di Giove, delle macchie solari, della composizione della Via lattea, ecc. Il secondo ha avuto come terreno la legittimità dell'intervento autoritario della Chiesa e, in particolare, se nell'interrogatorio dell'anziano scienziato, gli inquisitori abbiano fatto ricorso alla tortura. Il problema del moto della Terra è rimasto in ombra, riproposto nei primi decenni dell'Ottocento da alcuni irriducibili epigoni di Tolomeo, simulando una polemica con Copernico che faceva da schermo a quella con i temi proposti nel *Dialogo*.

ALBERI, EUGENIO – BIANCHI, CELESTINO [a cura di] (1842-1856), *Le opere di Galileo Galilei. Prima edizione completa condotta sugli autentici manoscritti palatini per opera di Eugenio Alberi*, 15 voll. + suppl., Società editrice fiorentina, Firenze.

ALBERI, EUGENIO [a cura di] (1846), *Galilæi et Renierii in Jovis satellites lucubrationes que per ducentos fere annos desiderabantur*, Società editrice fiorentina, Firenze.

ANDRÉS, JUAN (1776), *Saggio della filosofia del Galileo*, erede di Alberto Pazzoni, Mantova.

ARAGO, FRANÇOIS (1855), *Galilée*, in *Œvres completes de François Arago*, Gide et Baudry-T.O. Weigel, Paris-Leipzig, t. III, pp. 240-297.

ASSAS-MONTDARDIER, LOUIS D' (1831), *Mémoire sur la détermination de la parallaxe et du mouvement propre en declination des étoiles, au moyen d'une nouvelle méthode d'occultations artificielles*, Bureau des Longitudes.

BANFI, ANTONIO (1962), *Vita di Galileo Galilei*, Feltrinelli, Milano.

BOYLE, PIERRE (1697), *Dictionnaire historique et critique*, 2 voll., Reinier Leers, Amsterdam.

BRECHT, BERTOLD (1994), *Vita di Galileo*, Einaudi, Torino.

DELAMBRE, JEAN-BAPTISTE (1817-1827), *Histoire de l'astronomie, en 3 parties (ancienne, moderne, et du moyen âge)*, 5 voll., Paris.

DRAKE, STILLMAN (1988), *Galileo. Una biografia scientifica*, Il Mulino, Bologna.

FABRONI, ANGELO [a cura di] (1773), *Lettere inedite di uomini illustri*, Firenze.

FAVARO, ANTONIO [a cura di] (1890-1899), *Edizione nazionale delle opere di Galileo Galilei*, 20 voll., Barbera, Firenze.

— (1905), *Di una pretesa palinodia di Galileo*, «Il giornale d'Italia», 21 agosto, in *Scampoli galileiani*, vol. II, Edizioni LINT, Trieste 1992, p. 550.

FONTENELLE, BERNARD (1687), *Entretiens sur la pluralité des mondes*, Paris.

FRISI, PAOLO (1775), *Elogio del Galileo*, Stamperia dell'Enciclopedia, Livorno (edizione trascritta e commentata a cura di Ledo Stefanini, 2014).

— (1829), *Articoli tratti dal Caffè*, Bettoni, Milano, vol. III, pp. 22-40.

GALILEI, GALILEO (1953), *Atto d'abiura*, in *Opere di Galileo Galilei*, a cura di Francesco Flora, Ricciardi Editore, Milano-Napoli.

— (2003), *Dialogo sopra i due massimi sistemi del mondo*, a cura di Beltràn Marì, Rizzoli, Milano.

GEYMONAT, LUDOVICO (1969), *Galileo Galilei*, Einaudi, Torino.

HUYGENS, HANS CHRISTIAAN (1728), *Dioptrica*, in *Christiani Hugenii Zuilichemii Opuscola Postuma*, tomo I, Amstelodami, cap. *De telescopiis*.

KOESTLER, ARTHUR (1959), *The Sleepwalkers. A History of Man's Changing Vision of the Universe*, trad. it., *I sonnambuli. Storia delle concezioni dell'Universo*, Jaca Book, Milano 1982.

LAGRANGE, JOSEPH-LOUIS (1788), *Mécanique analytique*, Veuve Desaint, Paris.

LALANDE, JÉROME LE FRANÇAIS (1792), *Astronomie*, Paris 1792.

LAPLACE, PIERRE-SIMON DE (1798-1825), *Traité de mécanique céleste*, 5 voll., Duprant-Courcier-Bachelier, Paris.

LIBRI, GUGLIELMO (1830), *Memoire sur la détermination de l'échelle du thermomètre de l'Académie del Cimento*, «Annales de chimie et de physique», t. XLV, Paris, pp. 354-361.

— (1838-1841), *Histoire des Sciences mathématiques en Italie depuis la renaissance des letttres jusq'à la fin du dix-septième siecle*, 4 voll., Renouard, Paris, pp. 155-294.

MACCIONI RUJU, ALESSANDRA – MOSTERT, MARCO (1995), *The Life and Times of Guglielmo Libri (1802-1869). Scientist, patriot, scholar, journalist and thief. A niniteenth-century story*, Verloren, Hilversum.

MAGALOTTI, LORENZO (1667), *Saggi di naturali esperienze fatte nell'Accademia del Cimento sotto la protezione del Serenissimo Principe Leopoldo di Toscana e descritte dal Segretario di essa Accademia*, Firenze.

MALLET DU PAN, JACQUES (1785), *Mensonges imprimés au sujet de la persecution de Galilée*, «L'Esprit des journaux», 14/2 fev., pp. 258-268 (precedentemente pubblicato sul «Mercure de France», jul. 1784, pp. 121-130).

MARTIN, THOMAS HENRI (1868), *Galilée. Les droits de la science et la méthode des sciences physiques*, Didier, Paris.

MASINI, ELISEO (1693), *Sacro arsenale, ovvero pratica dell'uffizio della Santa Inquisizione*, Roma.

MICANZIO, FULGENZIO (1646), *Vita del padre Paolo, dell'ordine de' Servi e theologo della Serenissima republica di Venetia*, Leida.

PAGANO, SERGIO (2009), *I documenti vaticani del processo di Galileo Galilei (1611-1741)*, Città del Vaticano, Archivio Segreto Vaticano.

PIANCIANI, GIOVAN BATTISTA (1834), *Sulla soppressione dell'Accademia del Cimento, esame critico*, «La Voce della Ragione», t. X, n. 55, pp. 202-222.

RIGAUD, STEPHEN PETER [a cura di] (1832), *Miscellaneous Works and Correspondence of the Rev. James Bradley*, Oxford.

SANTILLANA, GIORGIO DE (1955), *The Crime of Galileo*, University of Chicago Press, Chicago; trad. it., *Processo a Galilei*, Mondadori, Milano 1960.

SECCHI, ANGELO (1851), *Sugli sperimenti del pendolo fatti in Roma a prova della rotazione della Terra e per la determinazione assoluta della gravità*, in *Atti dell'Accademia Pontificia dei Nuovi Lincei*, vol. IV.

Targioni Tozzetti, Giovanni [a cura di] (1780), *Atti e memorie inedite dell'Accademia del Cimento*, tomo I, parte seconda, *Notizie di alcuno aggrandimenti nelle scienze fisiche accaduti in Toscana regnando il Serenissimo Granduca Ferdinando II*, Firenze.

Toaldo, Giuseppe [a cura di] (1744), *Opere di Galileo Galilei divise in quattro tomi*, Stamperia del Seminario, appresso Gio. Manfré, Padova.

Voltaire (1756), *Essai sur les mœurs et l'esprit des nations et sur les principaux faits de l'histoire depuis Charlemagne jusqu'à Louis XIII*, Cramer, Genève.

www.ingramcontent.com/pod-product-compliance
Lightning Source LLC
Chambersburg PA
CBHW080247180526
45167CB00006B/2445